Bernd Siefert

Hochzeit

Torten und mehr

Für meinen Vater,
der mich mein ganzes Leben begleitet hat
und mich immer begleiten wird.

Bernd Siefert

Hochzeit

Torten und mehr

Fotografie: Matthias Hoffmann

Matthaes Verlag GmbH

Früher dachte ich, wer Konditor ist, ist auch Spezialist für Hochzeitstorten...

Aber weit gefehlt, denn als ich während meiner Ausbildung nach London kam und die Hochzeitstorten bei Harrods sah, begriff ich, wie Hochzeitstorten aussehen können. Dagegen war das, was ich aus Deutschland kannte, Kinderkram.

Inzwischen ist mir aber auch klar, dass der Aufwand, mit dem englische Hochzeitstorten gefertigt werden, riesig ist. Selbstverständlich beherrsche ich die Techniken – aber eine solche Torte herzustellen, ist so aufwendig, dass kaum ein Brautpaar in Deutschland bereit sein wird, diese hohen Kosten zu tragen. So treffen sich im englischsprachigen Raum häufig Damen zum Blütenmodellieren, wie sie anderswo ein Strickkränzchen halten. Auf den sogenannten Cake Shows findet man folglich die unglaublichsten Kunstwerke, zumeist von netten Damen hergestellt.

Dennoch kann ich sagen, dass mich die englische Tortenkultur sehr geprägt hat, ich lernte die Techniken und betrachtete die Herstellung solcher Torten als Hobby.

Während meiner Zeit in Frankreich entdeckte ich die Moussetorten. Sie sind sehr lecker, aber für Hochzeitstorten mit schwerem Dekor ungeeignet. Also wurden die Torten umgestylt und moderner dekoriert. Mit großer Liebe zur Arbeit mit Zucker fertigte ich die unterschiedlichsten rationalen Blüten und wunderbar filigrane Tortenaufsätze.

Nach meiner Weltmeisterschaft war ich häufig in Italien. Dort habe ich mich intensiv mit Eis beschäftigt und unzählige Eishochzeitstorten entwickelt. Diese übrigens, sollten Sie unbedingt im Angebot haben!

Sie sehen, meine Auslandsaufenthalte haben mich stark geprägt und von überall habe ich ein Stückchen mitgenommen. Im Laufe der Zeit begann ich, meine Seminartätigkeit auszubauen und Bücher zu schreiben. Ich war immer der Meinung, dass kein Konditor ein Buch über Hochzeitstorten braucht. Aber, je mehr Seminare ich hielt, desto mehr begriff ich, dass sehr wohl ein großes Interesse besteht. Und als mein erstes Hochzeitstortenseminar innerhalb von 3 Tagen ausgebucht war, stand mein Entschluss fest- es musste ein Buch zu diesem Thema her und zwar eines für Konditoren! Unser ehemaliger, verehrter Konditoren-Präsident Otto Kemmer hat uns immer als die Künstler unter den Handwerkern betitelt – und dies ist auch richtig. Es gibt wohl keinen Beruf, der solch eine Kreativität zulässt, wie der des Konditors, wenn der richtige Rahmen gegeben ist.

Der Inhalt des Buches lag auf der Hand: Er musste weit über die reinen Hochzeitstorten hinausgehen, denn in Japan hatte ich den Hype der Give-aways für die Hochzeitsgäste erlebt und natürlich auch gesehen, dass man damit Geld verdienen kann. In Frankreich, Italien und dem restlichen Südeuropa gibt es sogar einen richtigen Markt für Give-aways, also die süßen Kleinigkeiten, die die Gäste als Erinnerung mit nach Hause nehmen können. Als dann die Sweet Tables in den USA aufkamen, hat mich dies so sehr inspiriert, dass ich mein Hochzeitstortenbuch – Band 2 ist bereits in Arbeit – nach thematischen Sweet Tables aufgebaut habe. Damit können sämtliche Bestandteile einer gelungenen Hochzeit in Einklang gebracht werden: Torten, Give-aways, kleine, süße Dekorelement – einfach alles!

Eines muss jedoch unbedingt gesagt werden: Im deutschsprachigen Raum existiert eine vielfältige Tortenkultur mit sehr unterschiedlichen Massen. Anders in England, wo traditionell Früchtekuchen oder stabile Sandmassen verwendet werden. Der Früchtekuchen ist so stabil, dass man ihn in einen Torten-Schraubstock spannen und wochenlang dekorieren könnte. Mit einer Schwarzwälder-Torte geht dies selbstverständlich nicht. So habe ich öfters das Problem, dass Kunden mit Bildern aus dem Internet zu mir kommen und genau so eine Torte haben möchten. Beim Beratungsgespräch muss ich dann leider erklären, dass eine Schwarzwälder mit englischem Tortendekor nicht machbar ist - und schon gar nicht zum Stückpreis eines Hefeteilchens aus dem Supermarkt. Denn eins ist mir äußerst wichtig: Wir müssen mit unserer Arbeit Geld verdienen - auch wenn wir mit Herzblut dabei sind. Auf den folgenden 280 Seiten finden Sie zahlreiche Inspirationen, wie Sie allen Kundenwünschen gerecht werden können, mehr oder weniger aufwendig.

In diesem Sinne wünsche ich Ihnen viel Spaß und Erfolg beim Begeistern Ihrer heiratswilligen Kunden.

Ihr Bernd Siefert

Inhalt

FARBE DER FREUDE UND DES GLÜCKS   10

TORTE Griechische Tunika	15
GIVE-AWAY Giandujotti Italia Style	18
CAKEPOPS Weddingcakes	19
TORTE White Versace	20
TORTE White Pineapple of Dunmore	24
LOLLY Macaron-Herz	28
GIVE-AWAY Hochzeitstorte	29
TORTE Macaron-Törtchen für zwei	30
PRALINEN White Diamonds	33

DER HIMMEL IST VOLLER ROSA WÖLKCHEN   34

TORTE Poppy Love	40
GIVE-AWAY Brautschuhe	44
TORTENAUFSATZ / GIVE-AWAY Love	45
TORTE Rosentraum	46
PRALINEN Himbeer-Rose	50
GIVE-AWAY Gebrochene Rosenschokolade	51
TORTE Romantischer Landhausstil	52
PETITS FOURS Rosa Herz	56
TORTE American Buttercreme	58
GIVE-AWAY Ma chérie	62
CAKEPOPS Zwei Herzen im Dreivierteltakt	63
TORTE Picasso	64
CUPCAKES Turteltauben	68
CUPCAKES Brüssler Spitzen	69

EDITORIAL DESIGN   70

TORTE Black and Fragile Dahlia	74
PRALINEN Red Black Heart Tonka	78
GIVE-AWAY Red Lipsticks Bloody Mary	79
TORTE Goldene Barocktulpe	80
PRALINEN Praliné d'Amour	84
GIVE-AWAY Love	85
GIVE-AWAY K. u. K.-Hochzeit	86

JAPANISCHE KIRSCHBLÜTE   88

TORTE Japanische Kirschblüte	90
PETITS FOURS Kirschblüten	94
GIVE-AWAY Glückskekse	96
PRALINEN Kiss	97
GIVE-AWAY Kleine Geisha	98

HOCHZEIT SCHWARZ-WEISS   100

TORTE Zwei weiße Pfauen	104
CUPCAKES White Pearl	108
TORTE Kronleuchter	110
TORTE Black Swan	114
LOLLY Spitzendeckchen	118
PETITS FOURS B.S. Black Label	119
GIVE-AWAY Tanzende Schatten	120

INHALTSVERZEICHNIS

BAYRISCH VERSPIELT	**122**
TORTE Bayrische Art	126
GIVE-AWAY Bayernreise	132
GIVE-AWAY Barockherz	133
TORTE Glückskäfer	134
PRALINEN Marienkäfer	139
PRALINEN Baileys-Kleeblätter	140
GIVE-AWAY Würmchen	141
BLÜTENPRACHT	**142**
TORTE Make it green	144
Torten mit Frischblumen	147
TORTE Floral Rosé	148
TORTE Blütenkrone	152
HONEYMOON	**156**
TORTE Wackelkoffer	158
GIVE-AWAY Liebesbarometer	164
TORTE Marie Antoinette	166
GIVE-AWAY Brautschuhe	170
GIVE-AWAY Brautjungfer	172
GIVE-AWAY Love-Cookies	173
TRAUMHOCHZEIT	**174**
TORTE Barock-Style	176
TORTE Mini-Hochzeitstorte	180
TORTE Pfingstrose	182
GIVE-AWAY Vogelkäfig	185
CAKEPOPS Frühling	186
GOLDENER HERBST	**188**
TORTE Sonnenblumen und Rosen	192
TORTE Blumenkorb	196
PRALINEN Odenwälder Bauernhochzeit	199
TORTE Liebesbaumstamm	200
GIVE-AWAY 3 Herzen	204
GIVE-AWAY Süße Verführung	205
TORTE Goldene Hochzeit	206

ZUCKERBLUMEN	**210**
TORTE Lilien	212
TORTE Modern Style	216
Zuckerblüten	220
GRUNDLAGEN	
Böden & Massen	230
Cremes, Mousses, Füllungen & Ganaches	238
Vorschläge für harmonische Tortenkreationen	246
Tortenaufsätze	256
Grundlagen zur Herstellung von Hochzeitstorten	260
Tortenständer	268
Beratung und Verkauf	272
Rezeptregister	276
Bezugsquellen	278
Ich danke den Geduldigen	279
Impressum	280

Farbe der Freude ♥ und des Glücks

Torte GRIECHISCHE TUNIKA

Torte **WHITE VERSACE**

Give-away
GIANDUJOTTI ITALIA STYLE

Cakepops **WEDDINGCAKES**

Weiß ist die Summe aller Farben – in ihr vereinigt sich das ganze Spektrum der Buntheit zu einem reinen, fast lichtgleichen Eindruck. Bei einer Hochzeit symbolisiert die Farbe Weiß den Neubeginn sowie die Reinheit und Tugend. In Ägypten wurde Weiß als Farbe der Freude und des Glücks bezeichnet. Wenn das kein schönes Omen für einen gemeinsamen Lebensweg ist.

Torte **WHITE PINEAPPLE OF DUNMORE**

Lolly **MACARON-HERZ**

Give-away **HOCHZEITSTORTE**

Torte **MACARON-TÖRTCHEN FÜR ZWEI**

Pralinen **WHITE DIAMONDS**

FARBE DER FREUDE UND DES GLÜCKS 15

Griechische Tunika

Der Dekor dieser Torte ist ein absoluter Klassiker: schlicht in Farbe und Form und dabei schnell herzustellen. Er ist außerdem nicht nur süß, sondern überzeugt durch den leckeren Geschmack von weißer Schokolade. Wer zudem auch etwas Kostengünstiges sucht, wird hier fündig.

FÜR 120-130 PERSONEN

TORTE

3 Torten
je 16 cm hoch
Ø 18 cm, 24 cm, 30 cm

Jede Etage besteht aus zwei 8 cm hohen Torten. Zur Stabilisierung je einen Zwischenständer mit einem etwas kleinerem Innendurchmesser verwenden, da es sonst zu Schwitznähten kommen kann.

EMPFOHLENE TORTEN

Stabile Cremetorten (siehe Seite 246 bis 251)

ÜBERZUG

› weiße Modellierschokolade, etwa 4-5 kg

VERWENDETE FORMEN UND UTENSILIEN

› Rollschneider
› Tortenglätter
› Holzbrett mit Holzstäben (Ø 5 mm) beklebt und mindestens 3 zusätzliche Holzstäbe
› ovaler Ring mit etwa 30 cm Länge
› runde Ausstecher (Ø 5 cm) für Blütenblätter
› Ausstecher „Blatt" für Blattgrün
› Kältespray

REZEPT

WEISSE MODELLIERSCHOKOLADE

› 500 g weiße Kuvertüre
› 50 g Kakaobutter
› 150 g Glukosesirup
› 100 g Läuterzucker (30 °Bé)

Kuvertüre mit der Kakaobutter auflösen, Glukose mit Läuterzucker mischen. Dann beide Massen vermengen und zu einer glatten Masse verkneten. Kühlen und durch ein Walzwerk weich kneten.

Torte einsetzen und stabil durchkühlen. Sauber einstreichen, dann mit Modellierschokolade mit harter Kante eindecken (siehe Seite 262). Dazu die Modellierschokolade geschmeidig machen und mit etwas Stärkepuder auf maximal 5 mm Stärke ausrollen. Ich mache die Menge der verwendeten Stärke vom „Torteninnenleben" abhängig: Je intensiver abgedeckt werden muss, desto dicker sollte die Masse sein. Für diese Torte verwende ich immer Ausrollmatten. Zuerst Bänder von 17 cm Breite und etwas länger als der Umfang der jeweiligen Torte ausrollen. Zum besseren Handling die Bänder aufrollen. Um eine scharfe Kante zu bekommen, die stabile, gut gekühlte Torte kopfüber auf die ausgerollte Modellierschokolade stellen und mit einem Rollschneider direkt an der Torte abschneiden. Dann die jeweils passenden Seitenbänder anbringen und den Überschuss sauber abschneiden. Mithilfe eines Tortenglätters perfekt andrücken und glätten. Luftblasen gegebenenfalls mit einer Stecknadel herausarbeiten. Torte zurückstürzen und weiterkühlen.

Dann je nach Ständerversion zum Zusammensetzen vorbereiten und klassisch aufeinandersetzen. Dabei sollte jede Torte auf einem einzelnen Cakeboard positioniert sein.

DEKOR

› gedrehte Modellierschokoladen-Kordel
› gelegter Modellierschokoladen-Vorhang
› Modellierschokoladen-Rosen

MODELLIERSCHOKOLADEN-KORDEL

› weiße Modellierschokolade
› Kakaobutter

Aus Modellierschokolade je Etage 2 Stränge im jeweiligen Umfang der Torte und von etwa 1 cm Stärke rollen. Diese nebeneinander legen und von den Enden her gegeneinander verdrehen. In der Länge ist etwas Übung erforderlich, aber mit flexibler Modellierschokolade bekommt man schnell Übung. Mit etwas aufgelöster Kakaobutter an den jeweiligen Etagenübergängen befestigen.

MODELLIERSCHOKOLADEN-VORHANG

› weiße Modellierschokolade
› Kakaobutter

Modellierschokolade auf 3 mm Stärke ausrollen und mit einem ovalen Ring ausstechen. Das ovale Blatt der Länge nach auf ein selbstgebautes Stäbchenbrett legen und mithilfe der Stäbchen komplett in Wellen legen. Dabei immer mit den zusätzlichen Stäbchen fixieren. Gewelltes Tuch vorsichtig ausformen und an den Enden leicht zusammendrücken.

 TIPP Immer ein Tuch nach dem anderen herstellen, denn es kann schnell brechen.

Die Innenseite dünn mit etwas warmer Kakaobutter bepinseln und an der obersten Torte seitlich von der Mitte nach vorne verlaufend befestigen.

Für die mittlere Etage das nächste Vorhangelement vom unteren Ende der obersten Etage her nach hinten verlaufend anbringen. Das dritte Element wieder von hinten nach vorne an der unteren Etage anbringen.

01 Modellierschokolade 3 mm stark ausrollen.

02 Mit einem ovalen Ring (Größe je nach Höhe der Torte anpassen) ausstechen.

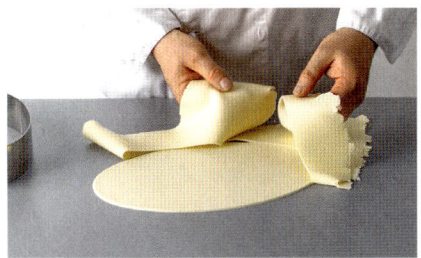
03 Überschüssige Modellierschokolade abnehmen.

04 Auf ein Stäbchenbrett legen und nachmodellieren.

05 Fertiges Tuch.

MODELLIERSCHOKOLADEN-ROSEN

› weiße Modellierschokolade

Es werden 11 Knospen, 5 mittlere Rosen und 3 große Rosen benötigt. Je Rose eine Kugel in der Größe eines Eis aus Modellierschokolade herstellen. Diese spitz zu einem Kegel modellieren. Den Kegel auf der halben Höhe mithilfe der Zeigefinger dünner modellieren, sodass ein stabiler Fuß und ein Kegel zum Anbringen der Blütenblätter entsteht.

Für die Blütenblätter Modellierschokolade 3 mm stark ausrollen und mit dem runden Ausstecher Blütenblätter ausstechen, außerdem mithilfe des Blattausstechers das Blattgrün herstellen, dieses leicht in der Längsachse verdrehen. Für die Knospen der Blütenblätter werden 2–3 Kreise, für mittlere Rosen 5–6 und für große Rosen 10–12 Kreise benötigt. Eine Seite zwischen den Händen fein ausdünnen und mit der stumpfen Kante nach unten am Kegel anbringen.

Das erste Blatt umschließt den Kegel komplett, das nächste Blatt von der gegenüberliegenden Seite anbringen und entweder nur eine Seite nach unten biegen oder auch beide Seiten. Welche Version ist wie immer Geschmackssache. In diesem Stadium ist es eine Knospe.

Dann für die nächste Größe die nächsten Blätter im Abstand gleichmäßig dritteln und seitlich an der Rosenknospe andrücken. Dabei unterlappt man das erste Blatt von innen und verfährt auf die gleiche Weise, bis man auf der anderen Seite ankommt. Dann alles fest anmodellieren.

Je nach Rosentyp nur eine Seite oder beide Seiten der scharfen Kante umbiegen.

Für die letzte Größe wird wie zuvor verfahren, dieses Mal nur nicht gedrittelt, sondern gefünftelt. Abschließend die Rose mithilfe eines Messers vom Sockel lösen.

Man kann die Rosen auf verschiedene Weisen einfärben: Entweder mit dem Airbrush mit fettlöslicher oder auch vorsichtig mit wasserlöslicher Farbe.

Die Rosen können auch leicht angefroren werden und anschließend samtig mit Kakaobutterfarbe besprüht werden. Einen schönen Effekt erzielt man auch mit Metallicfarben in jeder Variante.

Das Anbringen der Rosen sollte entweder mit etwas weißer Kuvertüre oder Kältespray erfolgen. Ein Spieß macht das Dekor transportsicherer. Verwenden Sie Drähte oder Spieße, weisen Sie Ihren Kunden bei der Bestellung, spätestens aber bei der Lieferung darauf hin, damit Sie rechtlich abgesichert sind, sollten sich Gäste trotzdem daran verletzen.

Giandujotti Italia Style

REZEPTE

BUTTERGEBÄCK-MÜRBTEIG

Backzeit pro Blech: etwa 15 Minuten

- 250 g weiche Butter
- 120 g Puderzucker
- 2 Eigelb (40 g)
- Mark von 1 Bourbon-Vanilleschote
- Abrieb von ½ unbehandelten Zitrone
- 1 Prise Meersalz
- 325 g Weizenmehl
- 40 g Speisestärke

Butter, Puderzucker, Eigelb, Vanillemark, Zitronenabrieb und Salz zu einer glatten Masse verkneten. Mehl und Speisestärke sieben, dann streuselartig kurz unterkneten und leicht zusammendrücken. Den Teig in Folie wickeln und etwa 1 Stunde im Kühlschrank lagern.

Den Backofen auf 160 °C Ober- und Unterhitze vorheizen und die Backbleche mit Backpapier auslegen. Auf einer leicht bemehlten Arbeitsfläche den Teig ausrollen und für die Handtaschen den Mürbteig auf 2 mm ausrollen und mit Ausstechern je Handtasche zwei Taschenformen ausstechen. Auf ein mit Silikonbackmatten (Backpapier wirft sich teilweise zu stark) belegtes Backblech setzen. Bei 160 °C etwa 15 Minuten trocken backen.

NOUGATCRISP

- 300 g Mandelbitternougat
- 30 g Vollmilchkuvertüre
- 55 g Feuilletine (Waffelbruch)
- weiße Kuvertüre

Mandelbitternougat und Vollmilchkuvertüre separat erwärmen und vermengen. Dann Feuilletine zugeben, alles durchrühren und temperiert in die Gianduja-Formen einfüllen. Erkalten lassen. Pralinen ausformen und mit weißer Kuvertüre überziehen.

FÜR ETWA 50 STÜCK

 VERWENDETE FORMEN UND UTENSILIEN

- Gianduja-Form (z.B. von JKV oder Martellato)
- Ausstechersatz „Handtasche" (z.B. von Squires Kitchen)
- Dekorfolie „Straußenlederoptik" (z.B. von PCB)
- Rädelwerkzeug

DEKOR

- dunkle Modellierschokolade
- weiße Kuvertüre
- Goldperlen

Je Handtasche einen Streifen aus dunkler Modellierschokolade als Verschlussband in 1 mm Stärke, 4 cm Länge und 3 mm Breite, spitz zulaufend herstellen. Die Ränder rädeln, sodass eine „genähte" Optik entsteht.

Dekorfolie in Straußenlederoptik dünn mit temperierter weißer Kuvertüre bestreichen. Sobald sie angezogen ist, auf ein mit Backpapier belegtes Blech drehen, auf diese Weise verwirft sich das Blatt weniger. Die Dekorfolien von den vollständig stabilisierten Blättern abziehen. Diese anschließend mit leicht erwärmten Ausstechern in Handtaschenform ausstechen. Je Keks werden 2 Handtaschen benötigt. Diese mit etwas Kuvertüre exakt auf den Mürbteigkeksen anbringen.

Solange die weiße Kuvertüre um die Gianduja noch flüssig ist, je 2 der dekorierten Mürbteigtaschen sandwichartig an beiden Seiten anbringen. Verschlussband einfädeln, Ende umklappen und mit je einer Goldperle pro Seite dekorieren.

Wedding-cakes

REZEPT

FÜR ETWA 30 CAKEPOPS

 VERWENDETE UTENSILIEN

- runde Ausstecher in 3 verschiedenen Größen
- Lollystiele (z.B. von Müller-Dekor oder Cardin Deko)

ZITRONENSANDKUCHEN

Backzeit: etwa 60 Minuten

- 210 g Ei
- 245 g Zucker
- 1 Prise Salz
- Abrieb von 2 unbehandelten Zitronen
- 140 g Mehl
- 140 g Speisestärke
- 245 g Butter

Den Ofen auf 190 °C vorheizen. Ei mit Zucker, Salz und Zitronenabrieb 3-4 Minuten schaumig schlagen. Mehl und Speisestärke mischen, sieben und schrittweise unterrühren. Zum Schluss die flüssige Butter unterrühren. Eine gefettete und mit Semmelbröseln ausgestreute Kastenform füllen und 15 Minuten anbacken. Die Oberfläche einschneiden, Backtemperatur auf 180 °C reduzieren und weitere 45 Minuten backen. Stäbchenprobe machen und, wenn der Kuchen durchgebacken ist, etwas auskühlen lassen, stürzen und auf einem Küchentuch, seitlich liegend, auskühlen lassen.

FERTIGSTELLUNG

- 400 g fertig gebackener Zitronen-Sandkuchen (s.o.)
- 140 g Frischkäse
- 70 g Puderzucker
- Abrieb von 1 unbehandelten Zitrone
- flüssige weiße Kuvertüre

Alle Zutaten, bis auf die Kuvertüre, in einen Mixer geben und zu einer glatten, modellierfähigen Masse mixen. Diese Masse kurz durchkühlen. Für die Hochzeitstörtchen die Masse zwischen zwei Silikonmatten etwa 1 cm stark ausrollen, dann erneut durchkühlen und mit 3 verschieden großen runden Ausstechern je eine Mini-Etage ausstechen. Mit etwas flüssiger weißer Kuvertüre zu einer Hochzeitstorte zusammensetzen.

FERTIGSTELLUNG DER CAKEPOPS

- weiße Kuvertüre oder Fettglasur
- Silberperlen in zwei verschiedenen Größen
- rosa Miniperlen

Nach dem Durchkühlen an der Unterseite mit in weiße Kuvertüre getauchten Lollystielen versehen, erneut kühlen und anschließend durch temperierte Kuvertüre oder, in den USA üblich, durch Fettglasur ziehen und sofort mit Silberperlen in zwei verschiedenen Größen und rosa Mini-Perlen dekorieren.

 TIPP Zum besseren Handling kann man sich einfach eine Styroporplatte als „Steckmoos" zur Hand nehmen.

White Versace

Ich habe diese Torte schon in vielen Farbvarianten hergestellt, aber in Weiß strahlt sie eine für mich wunderschöne Eleganz und klassische Ruhe aus.

FÜR 120-130 PERSONEN

 TORTE

3 Torten
je 10 cm hoch
Ø 18 cm, 24 cm, 30 cm

EMPFOHLENE TORTEN

Stabile Cremetorten (siehe Seite 246 bis 251)

Ohne den Zuckerdekor können auch leichte Mousse- und Sahnetorten (siehe Seite 252 bis 255) verwendet werden. Die großen Blüten sind dafür jedoch zu schwer und würden einsinken.

 ÜBERZUG

› gefrostetes Modelliermarzipan, etwa 1,5 kg
› weiße Sprühkuvertüre, mit Titandioxid eingefärbt

 VERWENDETE FORMEN UND UTENSILIEN

› Silikon-Dekormatten „Versace"

FARBE DER FREUDE UND DES GLÜCKS 21

REZEPTE

DEKORBISKUIT
MIT WEISSER ZIGARETTENMASSE

ZIGARETTENMASSE

› 400 g Butter
› 400 g Puderzucker
› 400 g Eiweiß
› 400 g Mehl
› je nach Dekorwunsch z.B. wasserlösliche Lebensmittelfarbe, Titandioxid, Kakaopulver, lösliches Kaffeepulver, usw.

Butter und Puderzucker glatt rühren. Eiweiß und Mehl abwechselnd unterrühren, mit Titandioxid einfärben. Bei Verarbeitung mit einer Reliefmatte die Zigarettenmasse einstreichen, bis das Muster erscheint. Dann 600 g Dekorbiskuitmasse gleichmäßig darauf verteilen.

DEKORBISKUIT

› 500 g Ei
› 375 g Mandelgrieß
› 375 g Puderzucker
› 100 g Mehl
› 325 g Eiweiß
› 75 g Zucker
› 75 g Butter

Ei, Mandelgrieß, Puderzucker und Mehl schaumig schlagen. Eiweiß und Zucker zu Schnee schlagen, Eischnee unter die Mandelmasse heben. Butter angleichen und unterziehen. Für eine 60 cm x 40 cm große Backmatte werden etwa 600 g Masse benötigt. Etwa 10 Minuten bei 220 °C backen, dann sofort mit Zucker abstreuen, vorsichtig ausformen und in die gewünschte Breite schneiden. Reste können gut eingefroren werden.

01 Weiche Butter und gesiebten Puderzucker mit einem Spatel mischen.

02 Abwechselnd gesiebtes Mehl und Eiweiß untermischen (im Idealfall hat alles Zimmertemperatur).

03 Titandioxid unter die Zigarettenmasse rühren (Menge je nach gewünschter Farbintensität).

04 Zigarettenmasse auf die Dekormatte geben.

05 Mit einer Winkelpalette gleichmäßig verteilen und überschüssige Zigarettenmasse abziehen.

06 Dekorbiskuitmasse gleichmäßig auf der Zigarettenmasse verstreichen.

07 Gleichmäßig verteilen.

08 Fertig gebackene und zurechtgeschnittene Dekorstreifen.

MODELLIERMARZIPAN

› 1000 g Marzipanrohmasse
› 35 g Glukosesirup
› 35 g Sorbitol
› 600 g Puderzucker

Alle Zutaten miteinander zu einer glatten Masse verkneten und in Frischhaltefolie verpackt kühl lagern.

 TIPP Falls Ihr Marzipan zu viel Feuchtigkeit hat, einfach die Sorbitolmenge reduzieren.

FARBEN, DIE ZUGESETZT WERDEN KÖNNEN

› flüssige Lebensmittelfarbe
› pulverförmige Lebensmittelfarbe
› pulverförmige Metallic-Lebensmittelfarbe für Oberflächen
› Naturfarben wie gefriergetrocknete Früchte oder Kräuter

FERTIGSTELLUNG

› Modelliermarzipan
› weiße Sprühkuvertüre, mit Titandioxid eingefärbt
› verdünnte Glukose/helle Konfitüre

Nachdem die Torte eingesetzt und stabil durchgekühlt ist, kann sie und ebenso die Säulenelemente mit 3 mm starkem Marzipan überzogen werden. Anschließend wird sie leicht angefroren und mit antemperierter, mit Titandioxid eingefärbter weißer Sprühkuvertüre samtig besprüht.

Zum Zusammensetzen vorbereiten und klassisch mit etwas Abstand der Säulen aufeinandersetzen. Den Dekorbiskuit mit etwas verdünnter Glukose oder heller Konfitüre an der Torte anbringen. Zum Fixieren während des Transports empfehle ich, ein Plastikband anzubringen. Das verhindert auch das frühzeitige Austrocknen und ein Zusammenziehen des Dekorrands. Man kann natürlich statt Dekorbiskuit auch ein Marzipanband verwenden. Den Zuckerdekor am besten erst vor Ort anbringen, dazu ebenfalls etwas Glukose zum Befestigen verwenden.

DEKOR

FANTASIE-ZUCKERBLÜTEN
(siehe Seite 222)

GROSSE ZUCKERBLÄTTER
(siehe Seite 225)

ZUCKERBÄNDER UND SCHLEIFENTEILE
(siehe Seite 169)

White Pineapple of Dunmore

Eine meiner Freundinnen besuchte einmal die Stadt Dunmore in Schottland, wo es ein Haus in Form einer Ananas gibt. Als sie mir die Fotos zeigte, hatte ich sofort die Inspiration für diese Torte.

FÜR 70-80 PERSONEN

TORTE

4 Torten
je 10 cm hoch
Ø 12 cm, 18 cm, 24 cm, 30 cm

EMPFOHLENE TORTEN

Stabile Cremetorten (siehe Seite 246 bis 251)

ÜBERZUG

› Modelliermarzipan, etwa 3 kg
› Weiße Glanzglasur, mit Titandioxid eingefärbt, etwa 1 kg

VERWENDETE FORMEN UND UTENSILIEN

› Rhodoid-/Acetatfolie
› Dachrinnenform
› Officemesser
› Halbkugelform (Ø 2,5 cm)
› Eisspray
› Sterntülle

REZEPTE

WEISSE GLANZGANACHE

Für 1050 g

- 10 g Gelatinepulver
- 20 g Wasser
- 200 g Milch
- 120 g Glukose
- 50 g Sahne
- 650 g weiße Kuvertüre
- Titandioxid (Menge je nach gewünschter Farbintensität variieren)

Gelatinepulver mit Wasser einweichen. Milch mit Glukose und Sahne aufkochen. Kuvertüre zugeben, alles miteinander mischen und blasenfrei mithilfe eines Mixers und dem Titandioxid homogenisieren.

Als mögliche Zusätze könnten zum Beispiel folgende Zutaten zugegeben werden:

- Gewürze, z.B. 2 Vanilleschoten, Zimt, etc.
- 20 g löslicher Kaffee
- Kokosaroma (oder anstatt der Milch Kokospüree)
- diverse Farbstoffe, Aromen, Aromaöle, Eispasten
- Fruchtpürees
- Grünteepulver
- gefriergetrocknete Fruchtpulver

EIWEISSGLASUR

- 150 g Eiweiß
- 750 g Puderzucker
- 9 g Zitronensaft

Alle Zutaten mit einem Rührlöffel glatt rühren, dann die Masse stabil schlagen.

 TIPP Komplett steif geschlagen eignet sich diese Glasur z.B. für Garnierungen. Soll sie weniger stabil, z.B. zum Auslassen, werden, kann sie tröpfchenweise mit Wasser auf die gewünschte Konsistenz verdünnt werden.

FERTIGSTELLUNG

Torten einsetzen und stabil durchkühlen. Sauber einstreichen und anschließend mit Rollfondant oder Marzipan mit weicher Kante überziehen (siehe Seite 260). Erst dann mit weißer Glanzglasur überziehen. Je nach Ständerversion zum Zusammensetzen vorbereiten und klassisch ohne Abstand aufeinandersetzen (siehe Seite 266).

DEKOR

DAHLIE UND BLÄTTERDEKOR

- weiße Kuvertüre
- Kakaobutter
- Titandioxid

Hochglänzende Kunststoffbänder aus Rhodoid-/Acetatfolie in einer Breite von 10 cm und einer Länge von 55 cm vorbereiten. Eine Dachrinnenform in 60 cm Länge bereitstellen. Weiße Kuvertüre temperieren. Falls Kuvertüre mit einem geringen Kakaobutteranteil verwendet wird, sollte man zusätzlich etwas Kakaobutter zum Stabilisieren zugeben. (Je nach Kuvertüre kann die Menge variieren.) Ein Officemesser, das rund zuläuft und eine Spitze hat, etwa 7 cm tief in die Kuvertüre eintauchen. Die Unterseite an der Kante der Schüssel abstreifen und auf der Folie abziehen. Darauf achten, dass das Blatt überall gleichmäßig stark ist, sonst gibt es später Probleme beim Zusammenbauen der Blüte. Nachdem die Folie fertig dekoriert ist, in die Dachrinnenform einlegen und gebogen, am besten über Nacht, stabilisieren lassen. Dann die Folie abziehen. Für die Blüte werden 40-50 Blätter benötigt. Anschließend 5 Halbkugelformen ausgießen und nach dem Ausformen zunächst 4 davon zu einer ganzen Kugel zusammensetzen, beide Kugeln auf die dritte Halbkugel aufsetzen und diesen „Turm" auf einer runden Bodenplatte befestigen.

Mit temperierter Kuvertüre von innen nach außen im abfallenden Winkel die Blütenblätter an der Kugel anbringen und zu einer sich öffnenden Blüte zusammensetzen. Zum schnellen Stabilisieren der Blätter ist Eisspray hilfreich. Die Blüte fest werden lassen. Je nachdem ob sie samtig angesprüht werden oder glänzend sein soll, kurz anfrieren, dann aus 15-20 cm Entfernung mit aufgelöster, gefärbter Kakaobutter (in diesem Fall Titandioxid) oder von der Nähe mit temperierter gefärbter Kakaobutter mithilfe eines Airbrushs absprühen und erst vor Ort auf die Torte setzen.

- Eiweißspritzglasurtupfen
- Silberperlen

Restliche unabgesprühte Blütenblätter (es sollten etwa 100 sein) mit der Spitze nach oben und nach außen gebogen auf jede Etage setzen. Mit Eiweißspritzglasur und Sterntülle je 3 Tatzen auf die Auflagefläche garnieren und in jede Garnierung eine Silberperle von 3 mm Durchmesser setzen.

Bei der untersten Etage die Blätter direkt an die Torte anbringen. Dadurch ergibt sich ein etwas anderes Bild als bei den anderen Etagen.

FARBE DER FREUDE UND DES GLÜCKS

REZEPTE

„WHITECAKE"

MASSE

› 170 g weiche Butter
› 350 g Zucker
› 2 Eier (für einen helleren Teig können die Eigelbe auch weggelassen und nur das Eiweiß zur Masse gegeben werden)
› Mark von 1 Vanilleschote
› 4 Eiweiß
› 1 TL Salz
› 200 g Mehl
› 4 TL Backpulver
› 70 g Speisestärke
› 220 ml Milch
› Butter und Semmelbrösel für die Form

Den Backofen auf 175 °C vorheizen. Dann die weiche Butter mit dem Zucker schaumig aufschlagen und die beiden Eier sowie das Vanillemark zugeben und gut unterrühren. Die Eiweiß in einer fettfreien Schüssel mit dem Salz steif schlagen und zur Seite stellen. Das Mehl mit dem Backpulver und der Speisestärke vermischen und zur Butter-Eimasse geben. Dann die Milch hinzugeben und untermengen, bis der Teig zähflüssig ist. Erst die eine Hälfte des Eischnees unterrühren und anschließend die zweite Hälfte vorsichtig unterheben. Den Teig in eine gebutterte und mit Semmelbröseln ausgestreute Form füllen und im vorgeheizten Backofen 30-40 Minuten backen. Zwischendurch mit der Stäbchenprobe testen, ob noch Teig am Stäbchen hängen bleibt. Ist dies nicht der Fall, ist der Kuchen fertig. Vor dem Auftragen des Frostings muss der Kuchen komplett erkaltet sein, da die Füllung sonst zerläuft.

WEISSES FROSTING

› 110 g Butter (Für eine ganz weiße Creme verwendet man in den USA Palmin. Dies hat natürlich geschmackliche Nachteile, aber die Creme wird schneeweiß)
› 230 g gesiebter Puderzucker
› 1 TL Vanilleextrakt
› 10 ml Milch

Die weiche Butter mit dem Puderzucker, dem Vanilleextrakt und der Milch erst kurz auf niedriger Stufe und dann 2 Minuten auf hoher Stufe locker aufschlagen. Nach Belieben auf dem Kuchen verteilen und dünn darauf verstreichen.

› weiße Glanzglasur

Ist der Kuchen mit dem Frosting gut gekühlt, mit der maximal auf Raumtemperatur erwärmten Glasur überziehen.

DEKOR

MACARONS MIT GEKOCHTEM ZUCKER

Für etwa 80 Macaronhalbschalen

› 200 g Mandelstaub
› 200 g Puderzucker
› 150 g Eiweiß
› 200 g Kristallzucker
› 50 ml Wasser

Den Mandelstaub mit dem Puderzucker mixen, durchsieben und mit 75 g Eiweiß zu einer Paste verrühren. Den Kristallzucker mit dem Wasser auf 119 °C kochen. Während des Kochvorgangs weitere 75 g Eiweiß bei 114 °C zu Schnee schlagen und, sobald der Zucker fertig ist, in feinem Strahl in den Schnee laufen lassen. Weiterlaufen lassen, bis der Schnee lauwarm ist. Diesen dann in die Mandelmasse einarbeiten, sodass eine leicht lappige Masse entsteht. Mithilfe eines Spritzbeutels und einer Lochtülle Tupfen auf Macaron-Backmatten dressieren und aufklopfen, damit sich Luftblasen auflösen. Die Macarons im Anschluss mindestens 30 Minuten trocknen lassen. Bei 160 °C 10-12 Minuten backen.

Soll zusätzlich Lebensmittelfarbe verwendet werden, hitzebeständige Pulverfarbe gleich mit dem Mandelstaub zugeben.

FERTIGSTELLUNG

› helle Butterkrem (siehe Seite 238 bis 240)

Auf der Oberseite der Torte ein mit Butterkrem gefülltes Macaron anbringen und die restlichen „Stufen" mit den Halbschalen dekorieren.

White Diamonds

REZEPT

CHAMPAGNERTRÜFFEL

VORBEREITUNG DER FORMEN

Diamantenform mit temperierter weißer Kuvertüre ausgießen.

TRÜFFELMASSE

- 125 g Sahne
- 35 g Glukosesirup
- 175 g Milchkuvertüre
- 75 g weiße Kuvertüre
- 25 g Butter
- 100 g Champagner
- 50 g Marc de Champagne (40 Vol.-%)
- 10 g Sorbitol

Sahne und Glukosesirup aufkochen und über die fein gehackten Kuvertüren gießen. Glatt mixen, dann die Butter untermixen und zum Schluss den Champagner, das Marc de Champagne und das Sorbitol.

Die Masse bei etwa 26 °C in die vorbereiteten Diamantenformen abfüllen und für mindestens 4 Stunden verhauten lassen. Mit weißer Kuvertüre verschließen und durch sofortiges Zusammenklappen der Formen zusammensetzen. Ankühlen und, sobald sich die Kuvertüre sichtbar von der Form gelöst hat, die Pralinen mit einer leicht verwundenen Drehbewegung ausformen.

FÜR ETWA 40 PRALINEN

ÜBERZUG

- weiße Kuvertüre

VERWENDETE UTENSILIEN

- Pralinenformen „Diamant"

Give-away **BRAUTSCHUHE**

Torte **POPPY LOVE**

Es gibt für mich keine Farbe, die die Emotionalität einer Hochzeit besser symbolisiert als Rosa. Dieses Gefühl der Freude, der Liebe und Unbeschwertheit ist in fast allen Kreationen zu finden, die natürlich allesamt rosa sind – zumindest teilweise. Dieses Kapitel ist das umfangreichste des Buches und bietet viele Cupcake-Torten, Lollys, Pralinen aber selbstverständlich auch klassische Hochzeitstorten.

Der Himmel ist voller rosa Wölkchen

Torte **ROSENTRAUM**

Tortenaufsatz / Give-away **LOVE**

Petits Fours **ROSA HERZ**

Torte **ROMANTISCHER LANDHAUSSTIL**

Torte **AMERICAN BUTTERCREME**

Pralinen **HIMBEER-ROSE**

Give-away
GEBROCHENE ROSENSCHOKOLADE

Torte PICASSO

Cupcakes BRÜSSLER SPITZEN

Give-away **MA CHÉRIE**

Cakepops **ZWEI HERZEN IM DREIVIERTELTAKT**

Cupcakes **TURTELTAUBEN**

Poppy Love

Hochzeitstorten sind häufig etwas „Old Style". Ich verwende gerne einen Mix der Stile, indem ich „Old Style" einbaue, aber modern interpretiere. Ich glaube, das nennt man dann „retro". Eine Torte wie diese lebt davon, dass sie auf dem richtigen Ständer präsentiert wird. Stil und Farbe müssen absolut zum Thema passen. Bitte nicht auf einem modernen Edelstahlständer präsentieren! Ein Randdekor à la française sollte ja mittlerweile nichts Neues mehr sein, aber bei jedem meiner Seminare stelle ich fest, dass hier noch viel Nachholbedarf besteht.

FÜR 60-75 PERSONEN

TORTE

3 Torten
je 16 cm hoch
(pro Etage zwei 8 cm hohe Tortenböden)
Ø 18 cm, 24 cm, 32 cm

Jede Etage besteht aus zwei 8 cm hohen Torten. Zur Stabilisierung je einen Zwischenständer mit einem etwas kleineren Innendurchmesser verwenden, da es sonst zu Schwitznähten kommen kann.

EMPFOHLENE TORTEN

Stabile Cremetorten (siehe Seite 246 bis 251), aber auch leichte Mousse- und Sahnetorten (siehe Seite 252 bis 255)

VERWENDETE SCHABLONEN UND UTENSILIEN

› Buchstaben-Schablone „LOVE"
› Schablone mit großem Lochmuster
› Kamm mit 1 cm Breite
› Kamm mit feinen Abständen
› Utensilien für die Arbeit mit Zucker

REZEPTE

AUSSENDEKOR

ZIGARETTENMASSE

› 400 g Butter
› 400 g Puderzucker
› 400 g Eiweiß
› 400 g Mehl
› hitzebeständiges rosa Lebensmittelfarbenkonzentrat (gegebenenfalls Titandioxid)

Butter und Puderzucker glatt rühren. Eiweiß und Mehl abwechselnd zugeben und abschließend mit Lebensmittelfarbe einfärben. Buchstaben- und Punktedekor auf eine Silikonbackmatte auftragen.

MOHN-DEKORBISKUIT

› 500 g Ei
› 375 g fein gemahlener Mohn
› 375 g Puderzucker
› 100 g Mehl
› 325 g Eiweiß
› 75 g Zucker
› 75 g Butter

Ei, Mohn, Puderzucker und Mehl schaumig schlagen. Eiweiß und Zucker zu Schnee schlagen, Eischnee unter die Mandelmasse heben, Butter angleichen und unterziehen. Für eine 60 cm x 40 cm große Backmatte werden etwa 600 g Masse benötigt. Masse auf die vorbereiteten Backmatten aufstreichen und 10 Minuten bei 220 °C backen, dann sofort mit Zucker abstreuen und in die gewünschte Form schneiden. Reste können gut eingefroren werden. Bitte beachten: Diese Masse ist etwas dünnflüssiger als bei Verwendung von Mandeln statt Mohn.

01 Zigarettenmasse glatt rühren.

02 Mit hitzebeständigem Lebensmittelfarbenkonzentrat einfärben.

03 Fertig eingefärbte Zigarettenmasse.

04 „Love"-Schablone spiegelverkehrt auf eine Silikonbackmatte auflegen und die Zigarettenmasse aufstreichen.

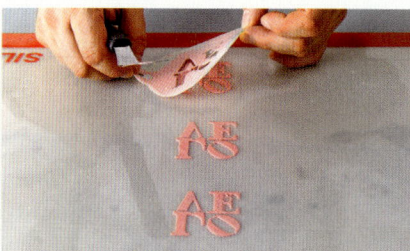

05 Schablone vorsichtig abnehmen.

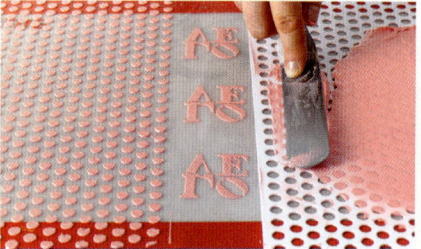

06 „Lochmuster"-Schablone anlegen und Zigarettenmasse aufstreichen, dann gefrieren.

07 Mohnmasse aufbringen.

08 Mohnmasse gleichmäßig verteilen.

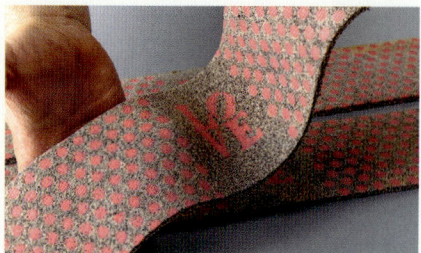

09 Fertig gebackener und zugeschnittener Mohndekorbiskuit.

Für die oberste und unterste Etage ebenso verfahren, für die Dekore allerdings die beiden Kämme verwenden.

STREUSEL

› 50 g Zucker
› 50 g Butter
› 70 g Mehl
› 10 g Weizenpuder
› 10 g geriebene Mandeln
› 3 g Abrieb von unbehandelten Zitronen

Alle Zutaten bei Zimmertemperatur zu groben Streuseln mischen und bei 160 °C im vorgeheizten Backofen knusprig vorbacken.

FERTIGSTELLUNG DER TORTE

WEISSE SPRÜHKUVERTÜRE

100 g Kuvertüre auflösen und Kakaobutter zugeben (max. 50 g, je nach Kuvertüre), sodass die Kuvertüre mit der Airbrushpistole aufgebracht werden kann, ohne die Düsen zu verstopfen.

Tortenringe vorbereiten und mit einer Folie auslegen. Anschließend mit den gebackenen Dekorrändern auskleiden. Mit einer individuell ausgewählten Füllung befüllen und dünn mit den fein geriebenen Streuseln bestreuen. Kühl stellen.

Sobald die Torte stabil ist, die Oberfläche mit weißer Sprühkuvertüre absprühen und zum Zusammensetzen je nach ausgewähltem Ständer vorbereiten. Erst kurz zuvor ausformen. Die Folie etwas nach oben ziehen und die Torte zusammenbauen (für den Transport empfehle ich, die Folie an den Torten zu belassen).

ZUCKERDEKOR

› geblasener weißer und gezogener grüner Zucker

Zuerst aus dem weißen Zucker eine kleine Zuckerkugel modellieren und mit dem Blasebalg leicht aufblasen. Dann zu einem feinen Röhrchen ziehen. Dieses in der Mitte auseinanderziehen, sodass ein spitzes Ende entsteht, ähnlich wie eine Sprosse. Über dem Kaltluftföhn stabilisieren. Insgesamt 2 Sprossen herstellen. Mit dem grünen, gezogenen Zucker je Sprosse 2 herzförmige Blätter ziehen und mit der Spitze nach unten an der Oberseite der Sprossen anbringen.

Sprossen erst am Veranstaltungsort kurz vor dem Servieren an der Torte anbringen.

 VORSICHT Dekorationen aus Zucker sind leider sehr zerbrechlich und feuchtigkeitsanfällig.

Brautschuhe

REZEPT

› weiße Kuvertüre, mit Titandioxid eingefärbt
› Metallicfarbe in Rot und Grün

Weiße Kuvertüre temperieren und mit Titandioxid einfärben. Die Schuhform ein- bis zweimal ausgießen und anziehen lassen. Jedes Mal die Innenkante der Schuhform glatt schneiden, dann erstarren lassen, bis sich der Schuh von der Form löst. Die Klammern lösen und ausformen.

Für das Dekor die temperierte weiße Kuvertüre tropfenweise mit Wasser oder Alkohol zu einer dressierfähigen Masse stabilisieren und zuerst mit der Rosentülle je Schuh eine Rose dressieren, dann mit der Blatttülle je Schuh zwei Blätter dressieren.

Die Rose mithilfe des Airbrushs mit in Alkohol gelöster roter Metallicfarbe einfärben, die Blätter mit grüner Metallicfarbe einfärben.

Am Rand des Schuhs mit der Sterntülle von hinten nach vorne kleine Tatzen dressieren und die stabilisierte Rose sowie die Blätter anbringen. Stabilisieren lassen.

Die Schuhe eignen sich natürlich auch zum Befüllen mit Pralinen oder auch als Aufsatz für eine Brauttorte.

VERWENDETE FORMEN UND UTENSILIEN

› 2-teilige Schokoladenform „Damenschuh" (z.B. von JKV)
› Spritzbeutel mit mittlerer Rosentülle, mittlerer Blatttülle und 3er-Sterntülle

FERTIGSTELLUNG

› Lebensmittelfarbe in Rosa
› CMC-Kleber
› Rollfondant oder Pastillage
› Speisestärke
› Silberperlen
› Isomalt
› Titandioxid

Zuerst rosa gefärbten mit CMC-Kleber stabilisierten Rollfondant oder Pastillage mit etwas Speisestärke auf etwa 3 mm Stärke ausrollen. Dann die Oberfläche mit dem Polkadot-Modellierwerkzeug gleichmäßig mit Punkten versehen. Mit dem Ausstechersatz „Love" die Buchstaben ausstechen und den überschüssigen Rollfondant entfernen. Auf ein dünnes Schaumstoffstück legen, um zu gewährleisten, dass auch von der Unterseite Luft an die Buchstaben kommt. Die vorgezeichneten Löcher mit einem Wasserpinsel und etwas CMC-Kleber leicht befeuchten und mit einer Pinzette in jede Vertiefung eine Silberperle setzen. Alles mehrere Tage stabil durchtrocknen lassen. Je nach Luftfeuchtigkeit kann dies unterschiedlich lange dauern. Am schnellsten trocknet Pastillage.

Sobald alles stabil ist, etwa 50 g Isomalt auflösen, mit Titandioxid weiß einfärben und mit rosa Lebensmittelfarbe im gleichen Farbton wie die Buchstaben einfärben. Einen kleinen Ausstecher auf Alufolie platzieren und mit dem Isomalt befüllen, dann erkalten lassen. Etwas Isomalt zurückbehalten, dieses erneut auflösen. Die Buchstaben an der Unterkante kurz in den flüssigen Isomalt tauchen, zusammensetzen und sofort auf die gegossene Isomaltplatte stellen. Anschließend erstarren lassen.

VERWENDETE FORMEN UND UTENSILIEN

› Ausstecher „LOVE"
› runder Ausstecher
› Modellierwerkzeug „Polkadot"

Rosentraum

Vor vielen Jahren habe ich das Garnieren mit sehr feinen Tüllen gelernt. Für den Dekor einer Etage mit „Kreuzstich" habe ich 11 Stunden benötigt. Dass dies damals nur für Wettbewerbszwecke verwendbar war, versteht sich von selbst. Aber als ich die Silikonmatten für feinen durchbrochenen Spitzendekor sah, war das alte Fieber für diese filigranen Dekore gleich wieder zurück.

FÜR 100-110 PERSONEN

TORTE

4 Torten
je 8 cm hoch
Ø 18 cm, 24 cm, 30 cm, 36 cm

EMPFOHLENE TORTEN

Stabile Cremetorten (siehe Seite 246 bis 251)

ÜBERZUG

› rosa Rollfondant, etwa 4,5-6 kg

VERWENDETE SCHABLONEN UND UTENSILIEN

› CMC-Keber
› Spritzbeutel mit Mini-Rosenblatttülle (für Rechtshänder) und 1er-Tülle für Eiweißglasurrosen und Stempel
› Silikonmatten von Sugar Veil für Spitzendekor und zugehörige Spezialmasse (es gibt mittlerweile auch andere Hersteller dieser Art Dekormatten, z.B. Müller-Dekor)

DEKOR

- ca. 4 englische Blütenpaste-Rosen
- ca. 38 Mini-Eiweißglasur-Rosen
- ca. 6 Zuckerschleifenelemente aus gezogenem Zucker (siehe Seite 169)
- 8-10 Eiweißglasur-Spitzenbänder (siehe Seite 49)

ENGLISCHE BLÜTENPASTE-ROSEN

(Farbverlauf nach außen heller werdend)

- Blütenpaste in 5 Rosatönen

Für die Rosen benötigt man als Erstes einen Konus aus Blütenpaste, der auf einem Draht befestigt aufgehängt und am besten für mehrere Tage getrocknet wird, bis er vollständig durchgehärtet ist. Je Rose werden insgesamt ca. 30 Blütenblätter in 5 Farbabstufungen benötigt. Mit der dunkelsten der rosafarbenen Blütenpasten 5 Kugeln modellieren und diese dann freihändig zwischen Daumen und Zeigefinger zu einem flachen dünnen Blatt modellieren.

Eines nach dem anderen eng um den Konus immer gegenüberliegend mit etwas CMC-Kleber oder Wasser anbringen. Das letzte der Blätter wird leicht geöffnet. Dann die nächst hellere Farbe verwenden und weiter öffnen. Darauffolgend die nächste Farbabstufung. Dabei ist jeweils darauf zu achten, dass die Blätter immer etwas abgestuft nach unten angebracht werden. Die letzten beiden Farbabstufungen überlappen immer weniger und sind nach beiden Seiten abgerollt. Je nachdem wie stark die Blüte geöffnet sein soll, kann man die Blätter auch mit einigen fein geschnittenen Schaumstoffstückchen an beliebiger Stelle stabilisieren, bis die Blätter vollständig durchgetrocknet sind. Dann die Schaumstoffteile entfernen und die Rosen trocken in einer Box zwischenlagern.

Beim Dekorieren die Drähte so kürzen, dass sie in die Torte passen (Bitte vergessen Sie nicht, Ihre Kunden darauf hinzuweisen, dass Drähte in der Dekoration verarbeitet wurden!).

EIWEISSGLASUR-ROSEN

- rosa Eiweißglasur

Stabile Eiweißglasur in einen mit Mini-Rosenblatttülle bestückten Spritzbeutel füllen und etwas Glasur auf einen Garniernagel dressieren. Ein auf 2 cm x 2 cm zurechtgeschnittenes Backpapier auflegen und mit einer 1er-Lochtülle einen kleinen Konus garnieren. Anschließend wie auf den Bildern zu sehen weiterverfahren.

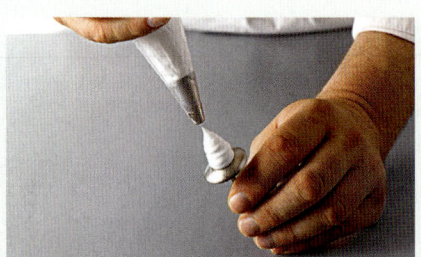

01 Mit stabil aufgeschlagener Eiweißglasur und einer Lochtülle einen Kegel auf einen Garniernagel dressieren.

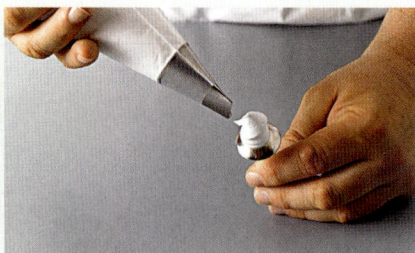

02 Mit einer Rosenblatttülle die ersten Blätter als Knospe an den Kegel garnieren.

03 Die Blatttülle etwas stärker nach außen stellen und die nächsten Blätter garnieren.

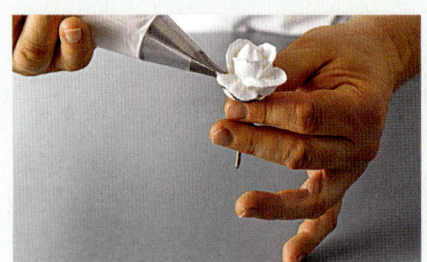

04 Für die nächsten Blütenblätter die Tülle flacher stellen.

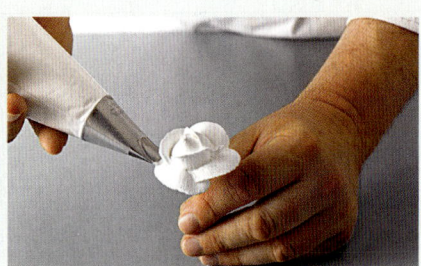

05 Die Tülle noch flacher stellen.

06 Fertige Rose.

EIWEISSGLASUR-SPITZENBÄNDER

Für diese Art der Spitzenbänderherstellung empfehle ich die Spezialmassen der Hersteller der Silikonmatten.

Je nach Hersteller muss die Spezialmasse einen Tag im Voraus hergestellt werden, luftdicht verschlossen und am nächsten Tag zusammengerührt werden. Bitte halten Sie sich hier an die Angaben der Hersteller.

Sobald die Masse bereit zum Verarbeiten ist, Silikonmatte auf eine komplett glatte Unterlage legen. Dann die Masse mithilfe einer Palette in die Silikonmatte einmassieren und mit einem Spachtel die überschüssige Masse abziehen. Je nach Masse, Feinheit der Matte und Luftfeuchtigkeit kann das Trocknen unterschiedlich lange dauern. Im Ofen bei 50 °C geht es mit etwa 30-60 Minuten am schnellsten. Wenn Sie Zeit haben, lassen Sie die Masse über Nacht trocknen und formen erst am nächsten Morgen aus. Die Dekore sollten dann luftdicht und mit Backpapier getrennt gelagert werden, so bleiben sie flexibel.

Das Anbringen sollte mit einem kleinen Tupfen Glukosesirup erfolgen. Falls Sie Probleme mit der Luftfeuchtigkeit bekommen und die Spitzen instabil werden, hilft es, wenn die Spitzen mit Kakaobutter abgesprüht werden.

Falls die Spitzen eingefärbt werden sollen, nur Pulverfarben für die Glasurmasse verwenden.

FERTIGSTELLUNG DER TORTE

Alle Torten mit rosafarbenem Rollfondant mit weicher Kante (siehe Seite 260) eindecken. Dann die untersten Wellen der Spitzenbänder abschneiden und so an die zusammengesetzten Torten anbringen, dass die gewellte Seite der Spitze über die Torten ragt. Auf jedem Mittel-Ornament eine getrocknete Eiweißglasur-Rose mit etwas Eiweißglasur befestigen. In die Oberseite zuerst 3 große englische Rosen einstecken und dazwischen die Zuckerschlaufen dekorieren. Die letzte Rose obenauf setzen.

Wenn es optisch nicht störend ist, empfehle ich, die Dekoration auf einer Zuckerplatte zu befestigen – so ist sie leicht von der Torte abnehmbar und das Brautpaar kann sie als Souvenir aufheben.

01 Eiweißglasur nach Herstellerrezept anschlagen und auf die Silikonmatte geben.

02 Glasur gleichmäßig mit einer Winkelpalette verteilen.

03 Darauf achten, dass alle Luftlöcher gefüllt sind.

04 Die überschüssige Glasur mit einem Spachtel abnehmen. Nur noch das Muster in der Matte soll gefüllt sein.

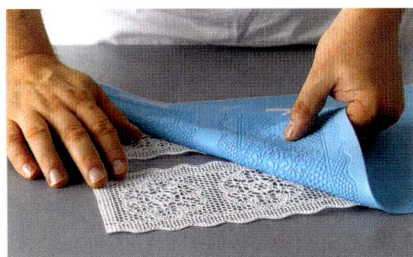

05 Nachdem die Glasur ausreichend getrocknet ist, vorsichtig ausformen.

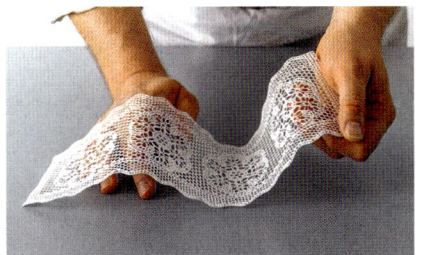

06 Fertige Glasurspitze.

Himbeer-Rose

REZEPT

- 1000 g Himbeerpüree (von Boiron)
- 100 g Zucker
- 25 g langsam gelierendes Pektin (E440)
- 1000 g Zucker
- 200 g Trockenglukose
- 15 g Weinsteinsäure (1:1)
- 10 g Rosenwasser
- Kristallzucker

Himbeerpüree auf 50 °C erwärmen, dann 100 g Zucker mit dem Pektin mischen und mit einem Schneebesen in das Himbeerpüree einrühren. 2-3 Minuten kochen lassen, dann den restlichen Zucker mit der Trockenglukose mischen und erneut mit dem Schneebesen einrühren. Alles unter ständigem Rühren auf 107 °C / 75 °Brix kochen, dann sofort die Weinsteinsäure zugeben und den Kochvorgang durch Unterrühren des Rosenwassers beenden. Das fertig gekochten Gelee mithilfe eines Abfülltrichters sofort in die Silikonformen füllen, mit Kristallzucker abstreuen und für 48 Stunden gelieren lassen. Dann ausformen und in Kristallzucker wenden. Erneut 48 Stunden gelieren lassen, anschließend können die Geleeherzen verpackt werden.

 TIPP Die Luftfeuchte sollte nicht über 65-70% und die Raumtemperatur bei 26 °C liegen.

Je nach Intensität des Rosenwassers kann man mit einigen Tropfen natürlichem Rosenöl den Geschmack noch intensivieren.

FÜR 120-130 PERSONEN

ÜBERZUG
- Kristallzucker

VERWENDETE FORMEN
- Silikonform für Geleefrüchte (z.B. von Martellato)

Gebrochene Rosenschokolade

REZEPT

- weiße Kuvertüre
- gefriergetrocknetes Himbeerpulver und Himbeeren
- fettlösliche Kakaobutterfarbe in Rosa
- Rosenöl
- gefriergetrocknete Joghurtcrisps
- kandierte Rosenblätter

Die Spitzen wie für die Rosentorte herstellen (siehe Seite 49) oder aber die Spitze in der Silikonmatte belassen. Dann je Matte 500 g weiße Kuvertüre temperieren und mit gefriergetrocknetem Himbeerpulver und gegebenenfalls mit fettlöslicher Kakaobutterfarbe rosa einfärben. Mit etwas Rosenöl nach eigenem Geschmack aromatisieren. Kuvertüre gleichmäßig auf den Silikonmatten verstreichen und sofort mit leicht zerbröselten gefriergetrockneten Himbeeren, Joghurtcrisps und Rosenblättern bestreuen. Sobald die Kuvertüre stabil ist, die Silikonmatten abziehen, in passende Stücke brechen und sofort luftdicht verpacken, da die gefriergetrockneten Zutaten sehr schnell Feuchtigkeit ziehen.

VERWENDETE FORMEN

- Silikonmatten von Sugar Veil für Spitzendekor und zugehörige Spezialmasse (es gibt mittlerweile auch andere Hersteller dieser Art Dekormatten, z.B. Müller-Dekor)

Romantischer Landhaus-Stil

Model sind die ältesten Formen, die wir zum Tortendekorieren verwenden. Als gebürtiger Schwabe kenne ich die Springerle und als Hesse die Frankfurter Brenten. Natürlich fragen Sie sich jetzt, woher Sie solche Model bekommen. Nein, sie müssen nicht auf irgendwelchen Auktionen mitbieten. Man kann tolle Kopien aus Kunststoff zu jedem Thema kaufen.

FÜR 120-130 PERSONEN

TORTE

3 Torten
1 × 8 cm, 2 × 16 cm hoch
Ø 18 cm, 24 cm, 30 cm

EMPFOHLENE TORTEN

Stabile Cremetorten (siehe Seite 246 bis 251)

ÜBERZUG

› heller altrosa Rollfondant, etwa 4-5 kg

VERWENDETE FORMEN UND UTENSILIEN

› Marzipanmesser
› gewellter Kneifer
› Stempel „Polkadot"
› verschiedene Model (z.B. von Städter)
› gewellte Schneideräder
› Ausstecher für die benötigten Buchstaben
› Ausstecher „Blatt"

REZEPT

ROLLFONDANT

- 9 g Gelatine
- 60 ml Wasser
- 170 g Glukosesirup
- 3 g Glycerin
- 2 g Zitronensäure
- 3 g Salz
- 1000 g Puderzucker

Gelatine im Wasser einweichen, auflösen, dann Glukosesirup, Glycerin, Zitronensäure und Salz zugeben. 2/3 des Puderzuckers in eine große Schüssel sieben, Gelatinemischung zugeben und mit der Rührmaschine glatt rühren. Den restlichen Puderzucker nach und nach unterarbeiten. Den fertigen Fondant luftdicht einpacken und einen Tag ruhen lassen. Vor dem Ausrollen nochmals gründlich durchkneten. Nach Wunsch einfärben.

DEKOR

- 4 große Rosen aus Modelliermarzipan
- 23 verschiedene altrosa Model-Dekore
- 3-4 weiße Marzipanblätter

ROSEN AUS MODELLIERMARZIPAN

- pinkfarbenes Modelliermarzipan
- Metallicfarbe in Rosa

Marzipanrosen modellieren (siehe Seite 55) und die fertigen Rosen mit Metallicfarbe absprühen.

FERTIGSTELLUNG

- Eiweißglasur
- altrosafarbener Rollfondant
- Trockenfarben in Rot und Grün
- Metallicfarbe in Silber
- weißer Rollfondant
- weißes Marzipan

Torten gut gekühlt mit weicher Kante (siehe Seite 260) mit hellem altrosa Rollfondant überziehen und mit den gewellten Kneifern die obere Kante kneifen. Damit der Kneifer nicht hängen bleibt, immer wieder in Stärke tauchen. Bei Marzipan eignet sich Alkohol besser zum Tauchen. Die Torten anschließend je nach Ständersystem vorbereiten.

An der mittleren Torte mit dem „Polkadot"-Stempel die Löcher für das imaginäre Band einprägen und mit Eiweißglasur und einem Garniertütchen die Punkte genau auf die vorgegebenen Punkte setzen. Nur dort, wo das große Herzmodel angebracht werden soll, keine Punkte aufgarnieren.

TIPP Man kann diesen Stempel auch selbst herstellen, indem man auf eine Papprolle ein Kreuzmuster in gewünschtem Abstand zeichnet und die Schnittpunkte dann mit Stecknadeln spickt. Dann braucht man nur noch die Papprolle an der Torte abrollen und schon ist das Muster auf die Torte übertragen. Aber unbedingt aufpassen, dass Sie die Stecknadeln nicht verlieren!

Anschließend den dunklen altrosa Rollfondant ausrollen und mit dem Bordürenmodel die für diese Größe erforderlichen 10 Bordüren abpressen und mit dem gewellten Schneiderad zurechtschneiden. Mit etwas Wasser an der Unterkante jeder Torte befestigen. Dann mit kleinen Herz-Modeln 9 Herzen abpressen, erneut mit einem gewellten Mini-Schneiderad zurechtschneiden mit etwas Wasser anbringen. 3 an der obersten Torte, 2 an der mittleren und 4 an der unteren Torte. Dann 3 ovale Hochzeitspaar-Model mit Weinreben abpressen und mit dem gewellten Schneiderad ausschneiden. Die Rückseite mit etwas Wasser befeuchten und an der obersten Torte gleichmäßig verteilt anbringen. Ein großes Herzmodel abpressen und mit dem gewellten Schneiderad ausschneiden. Mit Trockenfarben und einem kurz geschnittenen stabilen Pinsel die Rosen rot, die Blätter und Zweige grün schminken, dann die überflüssige Farbe abpusten. Silbermetallicfarbe mit Alkohol dick anrühren und den Korb und das Rautenmuster schminken.

Das Model wiederum mit Wasser an der mittleren Torte anbringen und mit etwas Eiweißglasur Punkte auf das vom Model vorgegebene Herz aufspritzen. Je nach Namen der Braut und des Bräutigams die Initialen aus weißem Rollfondant ausstechen und mithilfe von etwas Wasser im Herz anbringen. Aus dem Marzipan mithilfe der Ausstecher Blätter herstellen und zusammen mit den rosafarbenen Marzipanrosen als Topdekor auf der fertigen Torte anbringen.

DER HIMMEL IST VOLLER ROSA WÖLKCHEN 55

01 Marzipan zu einer Rolle formen.

02 Mit einem Marzipanmesser Scheiben abschneiden.

03 Ein größeres Stück für den Kegel abtrennen.

04 Mit den Händen zuerst eine Kugel modellieren.

05 Daraus einen Tropfen formen.

06 Diesen mit den Zeigefingern leicht zerteilen.

07 Kegel aufstellen.

08 Die dünnen Scheiben für die Blätter auf eine Silikonmatte legen.

09 Mit der umgeklappten Matte die Blätter zu einer Seite hin abflachen.

10 Abgeflachtes Blatt.

11 Das erste Blatt so anlegen, dass der Kegel nicht mehr sichtbar ist.

12 Die nächsten Blätter für die Knospe anlegen und, je nachdem wie groß die Rose werden soll, weitere Blätter anbringen.

13 Fertige große Rose.

14 Fertige Rosen in unterschiedlichen Stadien (Knospe, mittlere Rose, große Rose).

Rosa Herz

FÜR ETWA 40 STÜCK

VERWENDETE UTENSILIEN

› runde Petits-Fours-Ausstecher
› verschiedene Model „Herz" und „Bordüre"
› Überziehgabeln
› Überziehgitter

REZEPTE

PETITS-FOURS-KAPSEL

› 125 g Marzipanrohmasse
› 8 Eigelb
› 80 g Zucker
› 8 Eiweiß
› 1 g Salz
› 120 g Zucker
› 100 g Mehl

Marzipan kurz in der Mikrowelle erwärmen und mit Eigelb und Zucker zu einer glatten Masse vermischen. Anschließend zu einer schaumigen Masse aufrühren.

Eiweiß mit Salz zu einer schaumigen Masse schlagen, dann nach und nach den Zucker unterlaufen lassen und solange schlagen, bis der Schnee stabil ist.

Den Eischnee und das gesiebte Mehl abwechselnd unter die Marzipanmasse heben, dann die Masse sofort gleichmäßig auf einem Backpapier von etwa 60 cm x 40 cm Größe verstreichen und bei 200 °C etwa 15 Minuten backen. Die Kapsel in 4 Streifen von 15 cm schneiden.

MARZIPANFÜLLUNG

› 500 g Marzipanrohmasse
› 200 g Aprikosenkonfitüre
› Abrieb von 2 unbehandelten Orangen
› 50 g Orangenlikör

Alle Zutaten zu einer glatten Masse verkneten. Je nach verwendetem Marzipan muss die Masse eventuell noch mit etwas Orangenlikör verdünnt werden.

FERTIGSTELLUNG

3 der Kapselstücke gleichmäßig dünn mit der Marzipanmasse bestreichen, dann eine Kapsel direkt auf die nächste platzieren und mit der unbestrichenen Kapsel bedecken. Für die Höhe 2 Stäbe von 4 cm Höhe rechts und links der Länge nach an der zusammengesetzten Kapsel platzieren, mit einem Brett bedecken und mit Gewichten gleichmäßig beschweren. Mindestens über Nacht pressen.

› Marzipan
› Aprikosenkonfitüre
› dunkle Kuvertüre

Eine Platte aus 2 mm starkem und auf 15 cm x 40 cm ausgerolltem Marzipan herstellen. Die stabil gepresste Kapsel dünn mit Aprikosenkonfitüre bestreichen, dann die Marzipanplatte darauf anbringen. Mit einem Rollholz anpressen. Die Kapsel von der Unterseite dünn mit dunkler Kuvertüre bestreichen und sobald die Kuvertüre fest ist, mit einem runden Petits-Fours-Ausstecher einzelne Petits Fours ausstechen.

FONDANT-ÜBERZUG

› 1000 g Fondant
› 200 g Glukosesirup
› Wasser oder Orangenlikör
› rosa Lebensmittelfarbe

Alle Zutaten zu einer glatten Masse verkneten, auf etwa 35 °C erwärmen und soweit verdünnen, bis der Fondant beim Überziehen der Petits Fours so herunterläuft, dass man die Schichtung des Petits Fours noch schemenhaft erkennen kann. Petits Fours auf ein Überziehgitter stellen, überziehen, abtrocknen lassen und vom Überziehgitter abschneiden.

DEKOR

› rosafarbener Rollfondant

Rosa Rollfondant 2 mm dünn ausrollen und mit dem Herz-Model sowie dem Bordürenmodel abpressen. Zurechtschneiden und an der Unterkante die Bänder anlegen und die Oberseite mit den Herzen dekorieren.

American Buttercreme

Ich hätte alles geglaubt, aber dass ich als Deutscher mal etwas Neues in Sachen Butterkrem aus den USA lernen würde – niemals. Ich liebe gut gemachte Butterkrem und dieser Dekor ist mit seinem Farbverlauf einfach toll und absolut hip! Am besten wirkt die Torte auf einem einfachen Keramikständer.

FÜR 40 PERSONEN

TORTE

1 Torte
10 cm hoch
Ø 24 cm

EMPFOHLENE TORTEN

Stabile Cremetorten (siehe Seite 246 bis 251), aber auch leichte Mousse- und Sahnetorten (siehe Seite 252 bis 255). Selbst für Eistorten eignet sich diese Kreation. Bei Sahne- und Eistorten muss für das Einstreichen und den Dekor Sahne verwendet werden, der etwas Gelatine oder Sahnesteif zugegeben wurde.

ÜBERZUG

› Butterkrem in 5 Farbabstufungen (siehe Seite 238 bis 240)

VERWENDETE FORMEN UND UTENSILIEN

› Muffinkapseln
› Ananasaushöhler
› Spritzbeutel mit 3er-Lochtülle
› Spritzbeutel mit 5 runden glatten 1er-Lochtüllen
› Tortendrehteller
› Mini-Winkelpalette

DER HIMMEL IST VOLLER ROSA WÖLKCHEN 59

REZEPTE

APRIKOSEN-HIMBEER-CUPCAKE

Für 12 Portionen

- 170 g Butter
- 170 g Zucker
- 3 Eier
- Salz und Vanilleextrakt
- 1 g Backpulver
- 170 g Mehl
- 100 g weiche Aprikosen, getrocknet und gehackt
- 30 g Kirschen, gehackt und kandiert
- 30 g Angelikawurzel, gehackt und kandiert

zusätzlich:

- Himbeerconfit
- Butterkrem (siehe Seite 238 bis 240)

HIMBERCONFIT

- 200 g Himbeeren
- 100 g Gelierzucker 2:1
- Mark und Schote von 1 Vanillestange
- 20 ml Himbeergeist

Himbeeren mit Gelierzucker und Vanillemark kurz mit einem Mixstab pürieren, dann die Vanilleschote zugeben und für 3 Minuten aufkochen. Das Confit erkalten lassen und die Schote entfernen. Sobald das Confit erkaltet ist, gut durchrühren und in einen Spritzbeutel füllen.

ZUBEREITUNG DER CUPCAKES

Butter mit Zucker glatt rühren, nach und nach Eier, Salz und Vanilleextrakt unterrühren. Backpulver mit Mehl versieben und mit den Früchten locker durchmischen, dann unter die Buttermasse rühren. Die Masse gleichmäßig in 12 Muffinförmchen füllen und bei 180 °C etwa 25 Minuten backen. Auskühlen lassen und mithilfe eines Ananasausstechers in der Mitte eine Vertiefung einbringen. Diese mit Himbeerconfit füllen und mit Butterkrem in einem Spritzbeutel mit 3er-Lochtülle in 3 Farbabstufungen von außen nach innen Tatzen garnieren. Die Butterkrem kann nach Belieben mit Himbeerpüree und Himbeergeist abgeschmeckt werden.

FERTIGSTELLUNG DER TORTE

Zuerst die Torte mit heller Butterkrem so einstreichen, dass nichts mehr von der Tortenfüllung sichtbar ist.

Die Butterkrem entweder mit natürlichen Zutaten oder mit Lebensmittelfarbe in 5 Farbstufen einfärben. Jeden Farbton in einen separaten, mit Lochtülle ausgestatteten Spritzbeutel füllen. Dabei darauf achten, dass genügend von jeder Farbe für den gesamten Dekor vorhanden ist. Bei dieser Torte sind 500 g je Farbton ausreichend.

Zuerst mit der hellsten Farbe einen etwa 2 cm großen Tupfen an die unterste Kante der Torte garnieren. Diesen dann mit der kleinen Palette von der Mitte des Tupfens zur Torte hin verstreichen. Den nächsten Tupfen auf das Ende des verzogenen Tupfens garnieren und erneut verstreichen. So lange auf die gleiche Weise verfahren, bis die Torte umrundet ist. Den Dekorstreifen mit einem Tupfen vollenden. Mit der jeweils nächsten Farbe gleich verfahren, bis man an der oberen Tortenkante angekommen ist. Auf der Oberseite der Torte von der dunkelsten zur hellsten Farbe bis zur Mitte hin in der gleichen Technik verfahren, dabei allerdings den letzten Punkt des Kreises bis zur nächsten Reihe ziehen, um den Übergang zu kaschieren. Den Dekor in der Mitte der Oberseite mit einem etwas größeren Punkt abschließen.

Natürlich kann man auch diese Torte, je nachdem wie stabil sie ist, mit einem Topdekor versehen. Auch bei mehrstöckigen Torten sieht dieser Farbverlaufsdekor wunderschön aus.

Wichtig ist nur, dass die Torte nicht direkt in der Sonne steht, da die Butterkrem sonst Gefahr läuft, zu schmelzen.

DER HIMMEL IST VOLLER ROSA WÖLKCHEN

01 Eingestrichene Torte mit Butterkremfarben und Mini-Winkelpalette.

02 Für die unterste Reihe zuerst einen Butterkremtupfen aufsetzen.

03 Diesen Tupfen mit einer Winkelpalette zu einer Seite verstreichen.

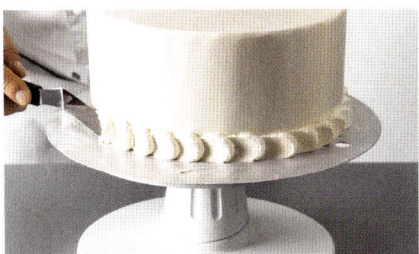

04 Diesen Vorgang wiederholen, bis man die Torte umrundet hat.

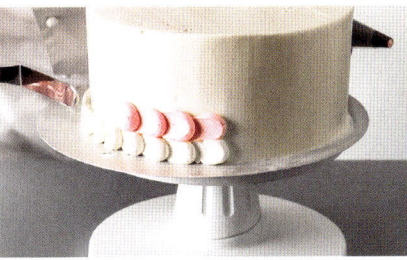

05 Mit Butterkrem in der nächstdunkleren Farbe eine weitere Reihe aufbringen.

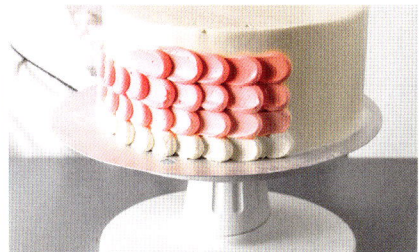

06 Die komplette Torte mit den weiteren Farben auf diese Weise dekorieren.

07 Fertig dekorierter Rand.

Ma chérie

REZEPT

MANDELFINANCIERS

- je Backform ½ Amarenakirsche
- 55 g Mandeln, geschält und fein gerieben
- 25 g Puderzucker
- 25 g Mehl
- 50 g leicht abgekühlte gebräunte Butter
- 80 g Eiweiß
- 35 g Zucker
- Butterkrem (siehe Seite 238 bis 240)
- Kirschwasser

Je Aluförmchen ½ Amarenakirsche einfüllen. Alle Zutaten bis zum Zucker miteinander verrühren und gleichmäßig in die Mini-Aluförmchen einfüllen. Bei 175 °C etwa 15 Minuten backen.

Sobald sie vollständig ausgekühlt sind, etwa 200 g Butterkrem mit Kirschwasser abschmecken und mit einer 5er-Sterntülle eine spitze Rosette auf jedes Mini-Muffin dressieren. Kurz stabil durchkühlen, dann die Butterkrem-Rosette in rosa gefärbte weiße Kuvertüre oder rosa Fettglasur tauchen und sofort mit rosafarbenen, weißen und schwarzen Miniperlen und silbernen Zuckerherzen dekorieren.

FÜR 35 STÜCK

ÜBERZUG

- weiße Schokolade oder Fettglasur, rosa eingefärbt mit fettlöslicher Farbe oder gefriergetrockneten Fruchtpulvern

DEKOR

- Mini-Zuckerperlen in Rosa, Weiß und Schwarz
- angesilberte Zuckerherzen (z.B. von Städter)

VERWENDETE UTENSILIEN

- Mini-Aluförmchen
- Spritzbeutel mit 5er-Sterntülle

Zwei Herzen im Dreivierteltakt

REZEPT

ITALIENISCHER MANDELKUCHEN

Vorbereiten der Form

- etwa 50 g weiche Butter
- etwa 80 g gehobelte Mandeln

Form mithilfe eines Backpinsels leicht mit Butter fetten und mit Mandeln ausstreuen.

Zutaten (für eine 1000 g-Form)

- 270 g Zucker
- 270 g Butter
- 1 Prise Salz
- Mark von 1 Vanilleschote
- Abrieb von 1 unbehandelten Zitrone
- 210 g Mehl
- 100 g geriebene Mandeln (die Hälfte geröstet)
- 4 Eier

Zucker und Butter mit Salz, Vanillemark und Zitronenabrieb nicht zu schaumig rühren. Mehl und Mandeln vermischen, dann in 3 Schritten abwechselnd mit den Eiern unter die Buttermasse rühren. Die Masse in die vorbereitete Form geben und bei 180 °C etwa 45 Minuten backen. Nach dem Backen kurz stehen lassen, dann ausformen.

- 400 g fertiger Italienischer Mandelkuchen
- 140 g Frischkäse
- 70 g Puderzucker
- etwas Amaretto zum Abschmecken oder alkoholfreier Mandelsirup

Alle Zutaten in einen Mixer geben und zu einer glatten Masse mixen. Diese Masse kurz durchkühlen.

FERTIGSTELLUNG

- 175 g Marzipan
- Silberperlen

FÜR 35 CAKEPOPS

ÜBERZUG

- weiße Kuvertüre oder Fettglasur

DEKOR

- Silberperlen
- rote und rosafarbene Eiweißglasur-Herzchen mit Glitzerpulver bestäubt (siehe Seite 68)

VERWENDETE UTENSILIEN

- Lollystiele (z.B. von Müller-Dekor oder Cardin Deko)

Je Lolly eine 5 g schwere Kugel aus Marzipan formen. Dann um jede Marzipankugel ein etwa 15 g schweres Stück der gekühlten Masse modellieren. Hier gehe ich wie bei einem Knödel vor: Das heißt, zuerst die Masse in die hohle Hand geben und eine Vertiefung eindrücken. Dann mit der Marzipankugel befüllen und die Masse zumodellieren. Zu einer gleichmäßigen Kugel nachformen, diese einmal durchkühlen, anschließend erneut nachmodellieren. Mit Lollystielen versehen und durch temperierte weiße Kuvertüre oder weiße Fettglasur ziehen und mit Silberperlen und zwei Eiweißglasur-Herzen dekorieren.

DER HIMMEL IST VOLLER ROSA WÖLKCHEN   65

Für dich solls rote Rosen regnen? Mit dieser Torte kein Problem. Sie ist zwar etwas aufwendiger in der Herstellung und erfordert Fingerfertigkeit beim Malen, aber Ihre Kunden werden begeistert sein. Denn eine solche handbemalte Torte ist ein echtes Meisterstück. Sie kann einzeln serviert werden oder aber in Kombination mit kleinen, im Design angepassten Cupcakes.

FÜR 40 PERSONEN

TORTE

1 Torte
10 cm hoch
Ø 18 cm

EMPFOHLENE TORTEN

Stabile Cremetorten (siehe Seite 246 bis 251)

ÜBERZUG

› weißer Rollfondant, etwa 2–3 kg

VERWENDETE FORMEN UND UTENSILIEN

› Muffinkapseln
› Ananasaushöhler
› Spritzbeutel mit 1er-Lochtülle
› runder Ausstecher
› Blattstempel
› Model „Ornament"
› Ausstecher „Barock"
› flacher Künstlerpinsel

STÄNDER

› Cupcake-Ständer z.B. von Müller-Dekor

REZEPT

JOGHURT-SANDKUCHEN FÜR MUFFINS

- 220 g Naturjoghurt
- 90 g Sonnenblumenöl
- 150 g Eier
- Mark von 1 Vanilleschote
- Abrieb von ½ unbehandelten Zitrone
- 1 Prise Salz
- 400 g feinster Zucker
- 140 g Speisestärke
- 280 g Mehl
- 15 g Backpulver

Muffinförmchen und einen 18er-Backring mit mindestens 6 cm Höhe vorbereiten. Zuerst die flüssigen Zutaten mit den Gewürzen verrühren, dann die trockenen Zutaten versieben. Alle Zutaten in der Küchenmaschine vermischen und in die vorbereiten Formen füllen.

Im vorgeheizten Backofen bei 200 °C anbacken und bei 180 °C etwa 30 Minuten fertig backen. Für die Muffins sollte die Gesamtbackzeit etwa 25 Minuten bei 180 °C betragen. Stäbchenprobe nicht vergessen. Komplett auskühlen lassen.

FERTIGSTELLUNG

- Lemoncurd (fertig gekauft oder selbst gemacht)
- Zitronenbutterkrem (siehe Seite 238 bis 240)
- Mini-Goldperlen

Für die Torte den Tortenboden in 4 Scheiben schneiden und mit dem Lemoncurd füllen. Zusammensetzen und mit der Zitronenbutterkrem einstreichen.

Die Muffins mithilfe eines Ananasausstechers aushöhlen und mit dem Lemoncurd füllen. Anschließend mit einer Lochtülle und einem Spritzbeutel dicht an dicht mit Butterkremperlen dekorieren. Für die gemalten Dekore noch einen großen Tupfen daraufsetzen. Mit Mini-Goldperlen abstreuen.

DEKOR

WEISSE MARZIPAN- ODER ROLLFONDANT-ROSEN MIT METALLICGRÜNEN BLÄTTERN AUF ROLLFONDANT-DECKCHEN

- weißer Rollfondant
- Metallicpulver in Silber und Grün

Für die Deckchen Rollfondant 2 mm stark ausrollen und mit einer Schablone belegen. Das Muster aufrollen und bevor die Schablone abgenommen wird, mit Silbermetallic-Pulver abpudern. Dann mit einem passenden runden Ausstecher ausstechen und auf den Cupcakes platzieren.

Für die Blätter erneut den weißen Rollfondant ausrollen und mit einem Blattstempel 75 Blätter ausstechen. Diese leicht verdrehen und mit grünem Metallicpulver abpudern. Zusätzlich aus weißem Rollfondant 25 kleine Rosen modellieren (siehe Seite 55).

Je Rollfondantdeckchen 1 Rose in der Mitte und 3 Blätter außenherum anbringen.

Für die Torte einen Aufsatz aus Rosen und Blättern auf eine modellierte Kuvertürekugel arrangieren, denn eine Kugel aus Schokolade ist weniger schwer. Diese dann auf der Torte fixieren.

HANDGEMALTE ROSEN AUF WEISSEN ROLLFONDANTPLÄTTCHEN

- weißer Rollfondant
- Lebensmittelfarbenkonzentrat in Rot, Weiß, Gelb und Grün
- ggf. Xanthan zum Andicken der Farben

Für die gemalten Rosen weißen Rollfondant 2 mm stark ausrollen und mit einem runden Ausstecher mit 6 cm Durchmesser 25 Plättchen ausstechen und trocknen lassen. Die Torte mit weißem Rollfondant eindecken.

Die Plättchen anschließend mit Rosendekor bemalen. Ebenso die Torte, diese allerdings zusätzlich mit grünen Blättern und grünem Rankendekor bemalen. Wichtig ist, dass die Plättchen ein paar Tage vor der Verwendung bemalt werden. Die Torte sollte immer als letztes bemalt werden.

DER HIMMEL IST VOLLER ROSA WÖLKCHEN 67

01 Lebensmittelfarbkonzentrat pastös anrühren und je eine Ecke eines flachen Pinsels eintauchen.

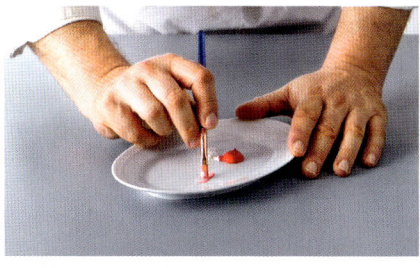

02 Kurz verstreichen, sodass ein Farbübergang zustandekommt.

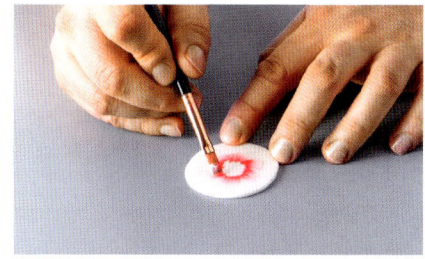

03 Zuerst die äußeren Blütenblätter in leicht zittriger Bewegung kreisförmig aufmalen.

04 Auf einer Seite die Knospe malen (zwischendurch immer wieder Farbe aufnehmen).

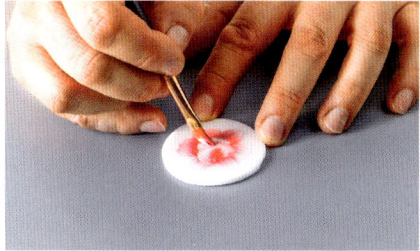

05 Mit etwas Schwung die restlichen Blätter aufmalen.

06 Fertig gemalte Rose auflegen.

07 Fertiger Cupcake.

FERTIGSTELLUNG

› weißer Rollfondant

Tortenständer mit weißem Rollfondant eindecken, die Löcher im Ständer ausstechen. Die Zwischenstäbe komplett eindecken und den Ständer zusammenbauen. Dann mit einem Barock-Ausstecher 46 Elemente ausstechen und am Ständer anbringen. Nur am oberen Ständerelement die Dekore erst anbringen, wenn die Torte komplett auf dem Ständer ist. Die Torte abschließend mit dem Rosendekor krönen.

Turteltauben

REZEPT

ORANGENSANDMASSE

› 75 g Marzipanrohmasse
› 60 g Eigelb
› Mark von 1 Vanilleschote
› Abrieb von 1 unbehandelten Orange
› 75 g Eiweiß
› 50 g Zucker
› 1 g Salz
› 70 g Mehl
› 30 g geschälte, sehr fein geriebene Mandeln
› 30 g zerlassene Butter
› Orangenbutterkrem (siehe Seite 238 bis 240)

Marzipan in der Mikrowelle erwärmen und mit Eigelb sowie Vanille und Orangenschale klumpenfrei verrühren. Dann schaumig schlagen. Eiweiß mit Zucker und Salz zu einem stabilen Schnee schlagen. Die restlichen trockenen Zutaten mischen. Eischnee und trockene Zutaten abwechselnd unter die Marzipanmasse melieren. Dann die Butter mit etwas Masse angleichen und unterziehen. Diese Masse gleichmäßig in den Förmchen verteilen und bei 200 °C etwa 20 Minuten backen. Mit der Stäbchenprobe kontrollieren, ob der Teig fertiggebacken ist. Vollständig auskühlen lassen und mit einem Ananasaushöhler in der Mitte aushöhlen. Mit jeweils 20 g Orangencreme füllen. Mit einer 5er-Lochtülle und Spritzbeutel je Muffin einen Turm aufdressieren und mit den fertig getrockneten Täubchen und einem Herz dekorieren.

FÜR 12 CUPCAKES

 VERWENDETE UTENSILIEN

› Muffinkapseln
› Ananasaushöhler
› Spritzbeutel mit 5er-Lochtülle
› Vorlagen für Tauben

 STÄNDER

› Cupcake-Ständer (z.B. von Wilton oder Müller-Dekor)

DEKOR

EIWEISSGLASUR-TAUBEN

› weiße Eiweißglasur

Stabile weiße Eiweißglasur in eine Garniertüte füllen und ein etwa 2 mm großes Loch in die Spitze schneiden. Dann zuerst drei Tatzen als Schwanzfedern auf ein Backpapier garnieren. Den Körper, bei den Schwanzfedern beginnend, dünn ansetzen, dabei immer dicker werden. Sobald etwa 1 cm Dicke erreicht ist, die Garniertüte nach oben ziehen und dabei den Hals und den Kopf dressieren. Dann leicht nach vorne ziehen, sodass ein Schnabel entsteht. Zuerst von rechts außen beginnend den einen Flügel, dann an der linken Seite einen zweiten Flügel dressieren. Komplett durchtrocknen lassen. Wer mag, kann den Schnabel und die Augen noch nachschminken.

ROSA EIWEISSGLASURHERZCHEN MIT GLITTER

› rote oder rosafarbene Eiweißglasur
› rosafarbenes Glitzerpulver

Stabile rote oder rosa Eiweißglasur in eine Garniertüte füllen und ein kleines Loch von etwa 2 mm in die Spitze schneiden. Dann auf ein Backpapier zuerst eine Tatze und daran direkt eine zweite Tatze garnieren. Die getrockneten Herzen leicht mit Alkohol befeuchten und in Glitzerpulver der jeweiligen Farbe drücken. Zum besseren Handling modelliere ich immer etwas Marzipan unter die Herzen.

Brüssler Spitzen

REZEPTE

ODENWÄLDER HEIDELBEERWEIN-CUPCAKES

- 180 g Butter
- 140 g Zucker
- Mark von 1 Vanilleschote
- 150 g Ei (3 Stück Klasse M)
- 35 g Zucker
- 180 g Mehl, Type 550
- 3 g Backpulver
- 1 Prise Zimt
- 1 Prise Salz
- 1 gestrichenen TL Kakaopulver, schwach entölt
- 70 g fein gehackte Kuvertüre, 70 % Kakaogehalt
- 70 g Haselnüsse, gehackt und geröstet
- 180 g Heidelbeerwein oder -saft

Muffinförmchen einfetten. Butter mit Zucker und Vanillemark schaumig rühren. Eier mit Zucker schaumig schlagen. Trockene Zutaten mischen, dann abwechselnd Heidelbeerwein, Eiermasse und Trockenzutaten unter die Buttermasse melieren. Masse gleichmäßig in den vorbereiteten Förmchen verteilen und bei 200 °C etwa 20 Minuten backen. Mit der Stäbchenprobe kontrollieren, ob der Teig fertig gebacken ist. Vollständig auskühlen lassen.

FRISCHKÄSECREME MIT WALDBEERPÜREE

- 375 g weiche Butter
- 300 g Puderzucker
- 150 g Frischkäse (Doppelrahmstufe)
- 300 g passierter Waldbeerfruchtaufstrich

Alle Zutaten auf Zimmertemperatur erwärmen, dann mit einem Schneebesen zu einer glatten Masse rühren und sofort weiterverarbeiten. Masse in einen mit einer 1er-Lochtülle bestückten Spritzbeutel füllen und die Muffins mit 6 spitz gezogenen Tupfen dekorieren.

FÜR 24 CUPCAKES

VERWENDETE UTENSILIEN

- Muffinkapseln
- Spritzbeutel mit 1er-Lochtülle
- Silikonformen für Spitzendekore
- Cupcake-Banderolen

DEKOR

- Gemischte Beeren (Himbeeren, Johannisbeeren, Blaubeeren und Brombeeren)
- Spitzendekore (siehe Seite 49)
- süßer Schnee (Dekorpuderzucker)
- Kakaobutter

Mit Frischkäsecreme dekorierte Muffins mit frischen Beeren verzieren. Je ein rundes Spitzendekor auflegen und mittig mit einem Tupfen der Creme garnieren. Dann eine Brombeere auflegen und mit süßem Schnee absieben. In die Cupcake-Banderolen geben.

 WICHTIG Da die Dekore sich bei Kontakt mit zu viel Wasser auflösen könnten, vorher die Spitzendeckchen mit Kakaobutter absprühen.

Editorial Design

Torte **BLACK AND FRAGILE DAHLIA**

Pralinen
RED BLACK HEART TONKA

Give-away
RED LIPSTICKS BLOODY MARY

Kunden, die mit dem Gewöhnlichen nicht zufrieden sind, die für ihre Hochzeit das Besondere suchen, deren Outfit der neuesten Mode entspricht und denen das Wort „Fashion" kein Fremdwort ist, werden die Torten und Give-aways dieses Kapitels lieben. Sie haben alle eines gemeinsam: den Hauch des Mondänen.

Give-away K. U. K. - HOCHZEIT

Give-away LOVE

Pralinen **PRALINÉ D'AMOUR**

Torte **GOLDENE BAROCKTULPE**

Schwarze Hochzeitstorten kommen immer mehr in Mode. Warum nicht? Solche Torten sehen wahnsinnig elegant aus und es gibt sicher mehr Brautpaare als man denkt, die eben nicht auf die ganz klassische jungfräulich helle Hochzeitstorte stehen.

FÜR ETWA 120 PERSONEN

TORTE

3 Torten
je 16 cm hoch
Ø 18 cm, 24 cm, 30 cm

EMPFOHLENE TORTEN

Stabile Cremetorten (siehe Seite 246 bis 251)

ÜBERZUG

› Marzipan oder Rollfondant
› dunkle Glanzganache, etwa 1,5 kg

VERWENDETE FORMEN UND UTENSILIEN

› 10 Backpapierstreifen (10 cm x 60 cm)
› Stab (etwa Ø 1 cm)
› Kunststoffband-Ring (etwa 2 cm Höhe, Ø 10 cm)
› Eisspray
› Acetatfolie
› Schneidewalze
› Marmorplatte (mind. 60 cm x 40 cm)

REZEPT

DUNKLE GLANZGANACHE

- 40 g Gelatine
- 120 g Wasser
- 430 g Sahne
- 120 g Kakaopulver
- 300 g dunkle Kuvertüre
- 20 g Butter
- 540 g Zucker
- 170 g Wasser

Gelatine im Wasser einweichen. Sahne auf 80 °C erwärmen und Gelatine darin auflösen. Nacheinander Kakaopulver, Kuvertüre und Butter zugeben. Zucker mit Wasser auf 125 °C kochen und in die Kakaomasse mixen, bis eine blasenfreie, homogene Masse entstanden ist.

DEKOR

DAHLIE

- weiße Kuvertüre
- lila eingefärbte Kakaobutter

Weiße Kuvertüre temperieren, anschließend Backpapier in den Maßen 10 cm x 60 cm zurechtschneiden. Mithilfe eines Spritzbeutels Linien in etwa 3-4 mm Breite und 8 cm Länge im Abstand von einigen Zentimetern auf das Backpapier garnieren. Sofort ein zweites Backpapier darauflegen und jedes der Blätter einmal mit dem Finger umfahren, sodass die Blätter zur Mitte hin noch etwas kräftiger werden. Das Papier abziehen und warten, bis die Kuvertüre soweit anzieht, dass man erneut ein Papier auflegen kann, ohne dass es daran haften bleibt. Zugleich muss die Kuvertüre aber noch flexibel sein. Anschließend sofort mithilfe eines Stabes aufrollen und mit einem Klebestreifen fixieren, dann kalt stellen, bis sie stabil sind. Für eine Blüte werden mindestens 50 Blätter benötigt. Mit weißer Kuvertüre einen etwa 5 cm großen Punkt auf ein Backpapier garnieren und den Kunststoffband-Ring außen herum legen. Die erste Reihe Blätter strahlenförmig nach außen zeigend auf dem Punkt in der Mitte fixieren. Die nächste Reihe etwas steiler anbringen und weiter so verfahren, bis das Zentrum erreicht ist. Zwischendurch die Blätter immer wieder mit Eisspray in der gewünschten Position fixieren. Sobald die Blüte stabil ist, mit Airbrush und temperierter, eingefärbter Kakaobutter die Spitzen der Blätter leicht lila färben. Den Ring abschließend entfernen.

LILA SCHOKOLADENPLÄTTCHEN

- gelb und lila eingefärbte Kakaobutter
- Perlmutt-Metallicpulver
- temperierte dunkle Kuvertüre

Acetatfolie mit etwas Öl auf einer glatten Oberfläche befestigen. Dann zuerst mit aufgelöster gelber und lila Kakaobutter besprenkeln und anschließend mit Perlmutt-Metallicpulver besprenkeln. Alles mithilfe einer Winkelpalette verwischen und anziehen lassen. Dann gleichmäßig mit dunkler Kuvertüre maximal 1 mm stark bestreichen und anziehen lassen. Abschließend mit der Schneidewalze oder mit einem Lineal in Quadrate von 4 cm x 4 cm schneiden.

FERTIGSTELLUNG

- dunkle Kuvertüre

Die Torte gut gekühlt mit Rollfondant oder Marzipan mit weicher Kante (siehe Seite 260) eindecken. Anschließend zusätzlich mit der auf Raumtemperatur erwärmten Glanzganache überziehen, abtropfen lassen und die Kanten säubern.

Für das schräge Band aus dunkler Kuvertüre zunächst eine Marmorplatte auf -18 °C gefrieren. Kuvertüre schmelzen und auf die gefrorene Marmorplatte gießen. Anschließend dünn diagonal mit einer Winkelpalette verstreichen und der Länge nach mit einem Messer auseinanderschneiden. Das entstandene schräge Band sofort um die erste Torte legen. Diesen Vorgang bei den restlichen beiden Torten wiederholen und die Torten anschließend zusammensetzen. Kuvertürequadrate von oben nach unten an den Torten befestigen, sie haften von alleine an der Glasur. An den Übergängen zum Kuvertüreband mit etwas Kuvertüre sowie Eisspray fixieren. Die Blüte als Abschluss obenauf setzen.

 WICHTIG Diese Blüte ist besonders fragil und sehr anfällig gegen Hitze. Die Quadrate am untersten Rand der Torte, die wirken, als würden sie herunterpurzeln, erst vor Ort an der auf dem Ständer positionierten Torte anbringen.

01 Auf zurechtgeschnittenes Backpapier mit etwas Abstand Linien aus leicht angestockter Kuvertüre garnieren.

02 Einen zweiten Backpapierstreifen auflegen.

03 Die Linien mit dem Finger umfahren.

04 Das zweite Backpapier abziehen.

05 Kuvertüre kurz anziehen lassen und erneut Backpapier auflegen.

06 Mithilfe eines Stäbchens mit 1 cm Durchmesser das Backpapier aufrollen bevor die Kuvertüre anzieht.

07 Mit einem Klebestreifen fixieren, um ein Abrollen zu vermeiden.

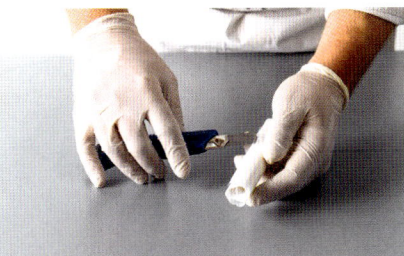
08 Das Klebeband mit einem Tapetenmesser aufschneiden.

09 Die einzelnen Blätter lösen.

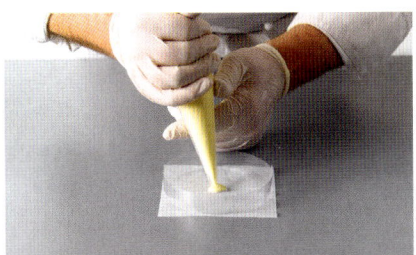
10 Einen Punkt aus weißer Kuvertüre auf Backpapier geben und mit einem Ring aus Acetatfolie umstellen.

11 Die einzelnen Blätter auf dem Kuvertürepunkt befestigen.

12 In einem etwas steileren Winkel die nächste Blattreihe fixieren.

13 Fertig zusammengesetzte Blüte.

14 Die Spitzen der Blätter mit gefärbter Kakaobutter ansprühen.

Red Black Heart Tonka

REZEPT

VORBEREITUNG DER FORMEN

- rot eingefärbte Kakaobutter
- goldenes Metallicpulver

Zuerst die Formen mit rot gefärbter Kakaobutter auspinseln. Dabei solange austupfen, bis die Kakaobutter stabil wird. Mit einem Spachtel die Formen abkratzen und mit goldenem Metallicpulver auspudern und ausklopfen, sodass nicht zu viel Farbe in den Formen hängen bleibt. Diese Formen mit temperierter dunkler Kuvertüre ausgießen, leicht aufklopfen und einen kurzen Moment stehen lassen. Die Formen stürzen und erneut ausklopfen, bis ein „hohles" Geräusch zu hören ist. Anschließend auf Stangen abtropfen lassen. Sobald die Kuvertüre angezogen ist, mit einem Spachtel die Kanten von überschüssiger Kuvertüre säubern und stabilisieren lassen.

TONKABOHNEN-GANACHE

- 150 g Sahne
- 105 g Invertzucker
- 1 geriebene Tonkabohne
- 80 g Vollmilchkuvertüre
- 180 g dunkle Kuvertüre
- 105 g Butter

Sahne mit Invertzucker und geriebener Tonkabohne aufkochen. Über die fein gehackten Kuvertüren gießen und zu einer glatten Ganache mixen.

Die Ganache bis etwa 1 mm unterhalb der Kante in die vorbereiteten Pralinenformen einfüllen, aufklopfen und verhauten lassen. Mit temperierter dunkler Kuvertüre verschließen. Erst, wenn sich die Pralinen komplett aus der Form lösen, ausformen.

FÜR ETWA 75 PRALINEN

ÜBERZUG
- dunkle Kuvertüre

VERWENDETE FORMEN
- Pralinenform „Herz"

Red Lipsticks Bloody Mary

REZEPT

VORBEREITUNG DER FORMEN

› rot eingefärbte Kakaobutter

Zuerst die Formen mit temperierter rot gefärbter Kakaobutter aussprühen und anziehen lassen. Anschließend mit temperierter und rot gefärbter weißer Kuvertüre auswanden, die Kanten säubern und stabilisieren lassen.

TOMATEN-BASILIKUM-GANACHE MIT GIN

› 100 g Sahne
› 15 g Glukosesirup
› 110 g frisches Tomatenpüree
› 5 g Basilikum
› 0,5 g weißer Pfeffer
› 1,5 g gemahlene Wacholderbeeren
› 250 g fein gehackte dunkle Kuvertüre, 60 % Kakaogehalt
› 35 g fein gehackte kandierte Tomaten
› 25 g Butter
› 25 g Gin
› 5 g Tomatenessenz von Heiko Antoniewicz (z.B. von Gourmantis)

Sahne mit Glukosesirup und Tomatenpüree aufkochen. Basilikum damit überbrühen und für etwa 30 Minuten ziehen lassen, dann durch ein Sieb passieren und mit den Gewürzen erneut aufkochen. Noch heiß über die fein gehackte Kuvertüre sowie die kandierten Tomaten gießen und zu einer glatten Ganache mixen. Zum Schluss Butter, Gin und Tomatenessenz untermixen, dann in die „Lippenstift"-Halbschalen füllen, zusammenklappen und kristallisieren lassen. Sobald sich die „Lippenstifte" aus der Form lösen, ausformen und gegebenenfalls mit einem heißen Messer zurechtschneiden. Mit temperierter Kuvertüre verschließen. Kanten säubern, dann vorsichtig in die Kunststoffhalterungen setzen und nach unten drehen. Mit der Kunststoffhülse verschließen.

FÜR ETWA 115 LIPPENSTIFTE

ÜBERZUG

› rot eingefärbte weiße Kuvertüre

VERWENDETE FORMEN

› Lippenstiftformen und Plastikhalter (z.B. von Gourmantis)

Goldene Barocktulpe

Der Eyecatcher auf dieser Torte ist ganz klar die Papageientulpe; und mit der englischen Blütentechnik ist es auch nicht allzu schwer, sie herzustellen. Durch die eine, komplett vergoldete Etage und das „Tapetenmuster" auf den anderen wirkt sie ziemlich retro, aber trotzdem klassisch chic.

FÜR ETWA 80 PERSONEN

 TORTE

4 Torten
je 12 cm hoch
Ø 20 cm, 24 cm, 28 cm, 32 cm

EMPFOHLENE TORTEN

Stabile Cremetorten (siehe Seite 246 bis 251)

 VERWENDETE FORMEN UND UTENSILIEN

› Ausstecher „Papageientulpe" mit Blütenblatt-Silikonstempel (z.B. von Squires Kitchen)
› Blatt-Ausrollbrett
› Blumendraht
› Eiform in Eiergröße
› Airbrush
› Blumenband
› Blattgoldpinsel
› lebensmittelechtes Blattgold
› Schablonensatz „Barock" (z.B. von Designerstencils)
› Silikonmodel für Bordüre und Quasten
› Mini-Winkelpalette

REZEPT

BLÜTENPASTE

› 30 g Eiweiß
› 225 g Puderzucker
› 3 gestrichener TL Tragant
› 1 TL Palmin

Eiweiß leicht anschlagen, dann die Hälfte des Puderzuckers zugeben und erneut leicht schaumig schlagen. Den Tragant einrieseln lassen und zu einer zähen Masse weiter rühren. Finger mit Palmin einfetten und den restlichen Puderzucker unterkneten, bis die Masse nicht mehr klebt. Über Nacht in Folie reifen lassen, dann in kleinen Mengen zu Blüten weiterverarbeiten. Achtung, die Masse trocknet sehr schnell.

DEKOR

PAPAGEIENTULPE

› rosa Kakaobutterfarbe
› schwarze Kakaobutterfarbe
› gelbe Kakaobutterfarbe
› rote Kakaobutterfarbe
› grün eingefärbtes Isomalt

Für die Blüte zuerst Blütenpaste leicht rosa einfärben und ein etwa walnussgroßes Stück sehr dünn auf einem Blatt-Ausrollbrett ausrollen. Mit den Ausstechern je 3 Blütenblätter ausstechen, dabei den Blumendraht der Länge nach in die vorgesehene dickere Stelle einstechen und sofort mit dem Silikonstempel prägen. Auf die Eiform legen und trocknen lassen. Am besten Blatt für Blatt herstellen, da die Blütenpaste sehr schnell austrocknet. Anschließend Blütenpaste schwarz einfärben und daraus den Blütenstempel auf Draht modellieren und trocknen lassen.

Die Blütenblätter dann mit dem Airbrush gelb einfärben. Dabei darauf achten, dass die rosafarbene Unterschicht noch durchscheint. Anschließend mit roter Farbe die typischen Streifen aufschminken.

Zuerst die 3 kleineren Blätter mit Blumenband um den Blütenstempel binden. Dann die größeren Blätter ebenfalls mit Blumenband fixieren und so zurechtbiegen, dass es wie eine echte Tulpe aussieht. Den überschüssigen Blumendraht möglichst kurz abschneiden.

Aus grünem Isomalt einen Stengel und 2 Tulpenblätter ziehen und an der Tulpe fixieren.

FERTIGSTELLUNG

› goldene Eiweißglasur
› brauner Rollfondant

Torten zuerst mit braunem Marzipan mit relativ scharfer Kante eindecken (siehe Seite 262). Hierbei darauf achten, dass die Wandseiten besonders glatt sind. Dies ist für das Auftragen des Musters mit der Schablone wichtig.

Die Unterseite der zweiten Torte mit etwas Wasser besprühen und mit einem Blattgoldpinsel das Blattgold auf die Torte übertragen, bis die Kante komplett bis etwa 4 cm auf die Oberseite mit Gold bedeckt ist.

Für die restlichen Torten die jeweils passenden Schablonen mit 2 Spießen an den Außenkanten befestigen und das Muster mit golden eingefärbter, nicht zu stabiler Eiweißglasur vorsichtig durch den Stencil auf die Torte schablonieren. Dazu eine Mini-Winkelpalette verwenden. Dann die Spieße entfernen und die entstandenen Löcher zuspachteln, außerdem die überschüssige Glasur soweit wie möglich entfernen. Erst dann die Schablonen vorsichtig entfernen. Unschöne Übergänge gegebenenfalls mit einem Wasserpinsel entfernen.

Mit braun eingefärbtem Rollfondant je Torte 4 Quasten sowie je eine Bordüre für die Unterkante mit den Silikonmodeln herstellen. Abschließend die Torte zusammensetzen und mit den Troddeln, Bordüren und der Tulpe auf der Oberseite dekorieren.

Nach Belieben könnte man obenauf zusätzlich die Initialen des Brautpaars aufgarnieren.

01 Eiweißglasur mit Lebensmittelfarbe einfärben und mit etwas Wasser verdünnen, bis die gewünschte Konsistenz erreicht ist.

02 Gut gemischte Glasur.

03 Schablone mit Zahnstochern an 2 Punkten auf der Torte befestigen.

04 Eiweißglasur mithilfe einer Winkelpalette auftragen.

05 Die Zahnstocher entfernen und Schablone abnehmen.

06 Mit einem Wasserpinsel die überschüssigen Muster entfernen, glätten oder nachbessern.

Praliné d'Amour

REZEPT

VORBEREITUNG DER FORMEN

› gelb eingefärbte Kakaobutter
› weiße Kuvertüre

Zuerst die Formen mit temperierter, gelber Kakaobutter aussprühen und anziehen lassen. Anschließend mit temperierter weißer Kuvertüre ausgießen, aufklopfen und ebenfalls ausgießen. Abtropfen lassen und mit einem Spachtel die Kanten säubern. Anziehen lassen.

MANGO-MINZE-KORIANDER-GANACHE

› 115 g Sahne
› 4 Zweige Minze
› 3 Zweige Koriander
› 2 g Koriandersamen, frisch geröstet und gemahlen
› 15 g Glukosesirup
› 70 g Mangopüree (von Boiron)
› 1 g Salz
› 290 g Milchkuvertüre
› 30 g dunkle Kuvertüre
› 15 g Butter
› 7 g Minzlikör

Sahne mit Minze, Korianderzweigen und -samen, Glukosesirup, Mangopüree und Salz aufkochen. 10 Minuten zugedeckt ziehen lassen, dann durch ein Sieb über die fein gehackten Kuvertüren geben. Zu einer glatten Ganache mixen. Bei 35 °C die Butter und den Likör untermixen.

Diese Ganache bei maximal 25 °C bis etwa 1 mm unter die Oberkante in die Pralinenformen füllen und für mindestens 4 Stunden verhauten lassen. Dann mit temperierter weißer Kuvertüre verschließen und, sobald sich die Pralinen aus der Form lösen, ausformen.

FÜR ETWA 60 PRALINEN

ÜBERZUG

› weiße Kuvertüre

VERWENDETE FORMEN UND UTENSILIEN

› Pralinenform „Sonne"
› Briefstempel „Doppelherz"

DEKOR

Den Briefstempel einfrieren. Dann mit temperierter weißer Kuvertüre einen kleinen Punkt auf jede Praline garnieren und das Muster mit dem gefrorenen Stempel aufdrücken. Einen kurzen Moment warten, bis sich der Stempel von alleine löst.

REZEPT

SCHOKOLADEN-HASELNUSS-MÜRBTEIGKEKS

- 165 g Butter
- 75 g Zucker
- 3 Eigelb
- Abrieb von ¼ unbehandelten Zitrone
- 1 TL (15 ml) brauner Rum
- Mark von ¼ Vanilleschote
- 2 g Meersalz
- 250 g Mehl, Type 405
- 100 g Haselnüsse, geröstet und gerieben
- 30 g Kakaopulver
- 100 g Nougat
- einige Tropfen Rum

Butter, Zucker, Eigelb, Zitronenabrieb, Rum, Vanillemark und Salz glatt arbeiten. Mehl, Haselnüsse und Kakaopulver mischen und kurz mit der Buttermasse verkneten. Den Teig in Folie gepackt etwa 1 Stunde kalt stellen. Mit etwas Mehl auf etwa 3 mm Stärke und in den Maßen 8 cm x 8 cm ausrollen, dann auf ein mit Backpapier belegtes Blech setzen und bei 160 °C etwa 25 Minuten trocken ausbacken. Nougat auflösen und mit etwas Rum tröpfchenweise anstocken, sodass er nicht mehr fließfähig ist. Je 2 Kekse damit befüllen und mit einem Dekoraufleger belegen.

 TIPP Zum einfacheren Ausrollen können auch Silikon-Backmatten verwendet werden, so benötigt man kein Mehl. Spielen Sie auch mit Gewürzen, Nüssen und Füllungen – so kann man die Geschmacksrichtungen variieren.

FÜR ETWA 75 KEKSE

ÜBERZUG

- braunes Marzipan oder brauner Rollfondant

VERWENDETE FORMEN UND UTENSILIEN

- Rollholz
- Rollholz mit „LV"-Prägung (Louis Vuitton)
- quadratischer Ausstecher
- Stepp-Rollmesser

DEKOR

- Goldpuder
- rote Eiweißspritzglasur

Zuerst das braune Marzipan etwa 3 mm stark ausrollen. Anschließend eine 2 mm dicke Schiene zu beiden Seiten anlegen und mit dem Dekor-Rollholz nachrollen, sodass ein gleichmäßiges Muster zu sehen ist. Dann mithilfe des Ausstechers Quadrate so ausstechen, dass das LV-Schriftlogo mittig platziert ist. Die Kanten mit dem Stepp-Roller markieren und das herausstehende Muster mit Goldpuder abpinseln. Das LV-Logo sowie die zusätzlichen Buchstaben O, V und E mit rot gefärbter Eiweißglasur aufgarnieren. Außerdem kleine Herzchen und das vorgegebene Steppmuster. Sobald die Buchstaben angetrocknet sind, mit Goldpuder angolden.

K.u.K.-Hochzeit

FÜR ETWA 75 KEKSE

ÜBERZUG
› weiße und dunkle Kuvertüre
› Für den Frack: zusätzlich weißer und brauner Rollfondant

VERWENDETE FORMEN UND UTENSILIEN
› Ausstecher „Brautkleid" und „Frack" (von Peggy Porschen)
› Mini-Garniertüte

REZEPT

ISCHLER TÖRTCHEN

- 140 g Zucker
- 40 g Marzipanrohmasse
- 2 g Meersalz
- 1 g Zimt
- 1 EL (15 ml) Rum
- 280 g Butter
- 100 g gemahlene Mandeln
- 180 g Mehl

FÜLLUNG

- 200 g Himbeerkonfitüre
- 2 TL (30 ml) Himbeergeist

Zucker mit Marzipanrohmasse, Salz, Zimt und Rum verkneten. Butter schrittweise unterkneten. Mandeln mit dem gesiebten Mehl mischen und kurz unter die Buttermasse kneten. In Folie gepackt für etwa 1 Stunde im Kühlschrank kalt stellen. Mit etwas Mehl auf maximal 3 mm Stärke ausrollen und mit den beiden verschiedenen Ausstechern jeweils 2 Kekse ausstechen. Auf ein mit Backpapier belegtes Backblech setzen. Dabei darauf achten, dass die Kleidungsstücke sich nicht verziehen und außerdem deckungsgleich sind. Bei 160 °C etwa 25 Minuten backen. Auskühlen lassen. Für die Füllung die Himbeerkonfitüre kurz aufkochen, dann den Himbeergeist unterrühren. Je 2 der Kekse damit füllen. Die Brautkleider mit temperierter weißer Kuvertüre und den Smoking mit dunkler Kuvertüre überziehen. Sofort die vorbereiteten Elemente auflegen.

TIPP Versuchen Sie doch mal selbst gekochte Fruchtaufstriche mit mindestens 2 Teilen Früchten, so wird das Ganze noch leckerer. Wie immer sollten Sie mit Nüssen, Gewürzen oder auch mit unterschiedlichen Alkoholika und Schokoladen variieren. Probieren Sie zum Beispiel die Kombination aus Orangenmarmelade, Whisky, Walnüssen und Vollmilchschokolade.

DEKOR

- Metallicfarbe in Silber

Für den Dekor des Brautkleids male ich zum Üben erst einmal das Brautkleid auf ein Blatt Papier und zeichne anschließend das Muster auf. Dann lege ich ein Stück Backpapier darauf, damit der Dekor noch sichtbar ist und garniere ihn mehrmals auf. Auf diese Weise ist es nicht mehr schwierig, den Dekor direkt auf den Keks zu bringen. Verwenden Sie mit etwas Wasser angestockte weiße temperierte Kuvertüre. Sobald die Kuvertüre fest ist, mit silberner Metallicfarbe nachschminken.

Die Dekore für den Smoking stelle ich immer im Voraus her, so kann ich die Elemente direkt beim Überziehen auflegen und spare mir einen Arbeitsgang. Dafür zuerst aus dünn ausgerolltem weißem Rollfondant ein spitzes Dreieck für das Hemd zurechtschneiden. Dieses konisch zuschneiden und der Länge nach in der Mitte einkerben. Zusätzlich 2 kleine Rechtecke für die Hemdumschläge zurechtschneiden. Aus dünn ausgerolltem braunem Rollfondant außerdem die Kragenumschläge zurechtschneiden und die Fliege modellieren. Dann zuerst die weißen Elemente auflegen, Kragen und Fliege mit temperierter angestockter dunkler Kuvertüre ansetzen und abschließend mit einer Garniertüte eine Linie sowie Knöpfe auf Smoking und Hemd aufbringen.

Japanische Kirschblüte ♥

Torte **JAPANISCHE KIRSCHBLÜTE**

Give-away **GLÜCKSKEKSE**

Pralinen **KISS**

Petits Fours **KIRSCHBLÜTEN**

Give-away **KLEINE GEISHA**

Die Kirschblüte hat im asiatischen Kulturraum einen hohen Symbolwert. Sie steht in Japan für die weibliche Schönheit, in China wird Tugend, Anmut und innere Stärke mit ihr assoziiert. All diese Attribute und Wünsche passen ganz hervorragend zu einer Hochzeit – auch wenn das Brautpaar europäischer Abstammung ist. Die guten Wünsche aus dem Schokoladenglückskeks sind immer willkommen.

Japanische Kirschblüte

Beruflich bin ich sehr oft in Japan und habe daher ein Faible für die japanische Kultur. Das Kirschblütenfest ist die Verkörperung des romantischen Gedankens in Japan, auch wenn es für die Japaner meist zu einem großen Saufgelage wird. Diese Torte ist trotzdem eine meiner Lieblinge in diesem Buch.

FÜR ETWA 50 PERSONEN

 TORTE

3 Torten
je 6 cm hoch
Kantenlänge von oben nach unten 15 cm, 25 cm, 35 cm

EMPFOHLENE TORTEN

Stabile Cremetorten (siehe Seite 246 bis 251)

Ohne den Astaufsatz können auch leichte Mousse- und Sahnetorten (siehe Seite 252 bis 255) verwendet werden.

 ÜBERZUG

› weißer Rollfondant, etwa 2,5 kg

 VERWENDETE FORMEN UND UTENSILIEN

› Ausstecher „Blüten" und Silikonprägestempel
› Airbrushpistole
› Schablone „Kirschblütendekor"
› Rollholz
› Extruder mit 3er-Lochschablone
› Eisspray

JAPANISCHE KIRSCHBLÜTE

DEKOR

› zartrosafarbene Blütenpaste
› rosa Kakaobutterfarbe
› gelbe Eiweißglasur
› gelbe Miniperlen
› dunkle Kuvertüre
› dunkelbrauner Rollfondant
› Goldpuder
› Garnierschokolade

KIRSCHBLÜTEN

Blütenpaste etwa 1 mm stark ausrollen und mithilfe von 2 verschieden großen Ausstechern Kirschblüten herstellen. (Ich habe original japanische Ausstecher verwendet, diese gibt es aber auch in Deutschland zu kaufen). Die ausgestochenen Blüten sofort mit einem Silikonstempel prägen und zum Trocknen z.B. in eine kleine Silikon-Halbkugelform einlegen. Sobald die Blüten angetrocknet sind, mit dem Airbrush im Zentrum rosa nachschminken. Mit gelber Eiweißglasur einen kleinen Tupfen in die Mitte garnieren und mit gelben Miniperlen abstreuen. Sobald die Blüten durchgetrocknet sind, die überschüssigen Perlen abschütteln.

01 Blütenpaste ausrollen.

02 Mit dem Blütenausstecher Blüten herstellen.

03 Ausgestochene Blüten am besten zwischen Folie lagern, so trocknen sie nicht aus.

04 Blüten einzeln in Silikonstempel einlegen und abpressen.

05 Gestempelte Blüte.

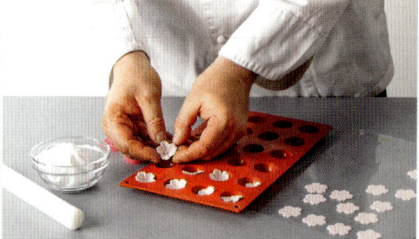

06 Blüten zum Trocknen in Silikon-Halbkugelformen geben.

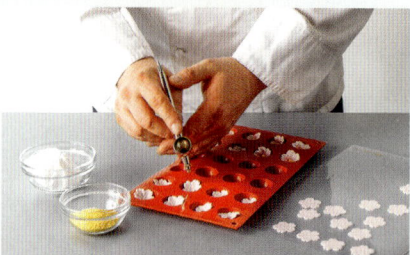

07 Mit dem Airbrush schminken.

08 Mit Eiweißglasur einen Punkt in die Mitte garnieren und mit Mini-Perlen abstreuen. Überschüssige Perlen entfernen.

ÄSTE

Für die nach oben abstehenden Äste Kakaopulver in ein kleines Backblech sieben und mit dem Finger unregelmäßige Wellenlinien hindurch ziehen. Diese Furchen mithilfe einer Garniertüte mit leicht angestockter, temperierter dunkler Kuvertüre in Form eines leicht verzweigten Astes ausfüllen. Mit Kakaopulver übersieben und, solange die Kuvertüre noch weich ist, leicht mit den Fingern verschieben - so bekommt der Ast eine natürliche Dreidimensionalität. Sobald die Kuvertüre fest geworden ist, das überschüssige Kakaopulver mit einem Pinsel entfernen. Auf die passende Länge zurechtschneiden.

Torten mit weicher Kante (siehe Seite 260) mit weißem Rollfondant eindecken.

KIRSCHBLÜTENAUFLEGER UND KORDEL

Anschließend dunkelbraunen Rollfondant etwa 1 mm stark ausrollen und die Kirschblüten-Schablone auflegen. Mit einem Rollholz darüberrollen, um das Muster einzuprägen, dann mit Goldpuder abpudern, sodass das hervorstehende Muster die Farbe annimmt. Überschüssiges Goldpuder abpinseln und die Schablone abnehmen. Für die unteren Torten jeweils ein Rechteck von 5 cm x 8 cm aus der gemusterten Modelliermasse schneiden und jeweils 2 cm von der linken Kante an der Oberseite leicht überklappend auf der Torte anbringen. Die Stäbe des Ständers ebenfalls mit der dekorierten Masse einkleiden. Für die Oberseite der kleinsten Torte ein etwa 1 cm kleineres Quadrat als die Torte zurechtschneiden und anbringen. Mit der restlichen braunen Modelliermasse einen mit einer 3er-Lochschablone bestückten Extruder befüllen und ein Band herstellen. Dieses verdrehen, sodass eine Kordel entsteht. Diese an der Unterkante der Torten sowie den Übergängen der Torten zum Ständer anbringen und fixieren.

FERTIGSTELLUNG

An der linken Vorderseite der obersten Torte mit angestockter Kuvertüre den hergestellten Schokoladenast anbringen.

Anschließend mithilfe von Garnierschokolade und einer Garniertüte weitere Äste direkt an die Torte garnieren. Wer damit Probleme hat, kann sich auch eine Schablone auf Pergamentpapier malen und diese mit der Stecknadeltechnik (siehe Seite 83) übertragen.

Sobald die Äste stabil sind, alle mit den getrockneten Kirschblüten dekorieren. Dabei am besten ebenfalls mit Garnierschokolade sowie Eisspray zum schnellen Fixieren arbeiten.

Kirschblüten

FÜR ETWA 40 STÜCK

ÜBERZUG

› brauner Fondant, etwa 1 kg

VERWENDETE FORMEN UND UTENSILIEN

› Ausstecher „Tropfen" oder „Blatt"
› Überziehgabeln und Überziehgitter
› Blütenausstecher
› Löffelmodellierholz
› Schaumstoffplatte
› Mini-Silikonmatte
› Mini-Ausstecher „Blatt"

REZEPTE

PISTAZIEN-KAPSEL

- 125 g Pistazien-Marzipan
- 8 Eigelb (160 g)
- 80 g Zucker
- 8 Eiweiß (240 g)
- 1 g Salz
- 120 g Zucker
- 100 g Mehl

Marzipan kurz in der Mikrowelle erwärmen und mit Eigelb und Zucker zu einer glatten Masse mischen, anschließend zu einer schaumigen Masse aufrühren. Eiweiß mit Salz ebenfalls zu einer schaumigen Masse schlagen, dann schrittweise den Zucker unterlaufen lassen und solange schlagen, bis der Schnee stabil ist.

Den Eischnee sowie das gesiebte Mehl abwechselnd unter die Marzipanmasse heben, diese Masse sofort gleichmäßig auf ein Backpapier von 40 cm x 60 cm verstreichen und bei 200 °C etwa 15 Minuten backen. Die Kapsel in 4 Streifen von 15 cm Breite schneiden.

MARZIPANFÜLLUNG

- 500 g Marzipanrohmasse
- 200 g Kirschkonfitüre
- 50 g Kirschwasser
- wenn vorhanden: getrocknete, pulverisierte Kirschblüten

Alle Zutaten zu einer glatten Masse verkneten; je nach Marzipansorte muss die Masse eventuell mit etwas Kirschwasser verdünnt werden.

3 der Kapselstücke gleichmäßig dünn mit der Kirsch-Marzipanmasse bestreichen und aufeinander schichten. Mit der unbestrichenen Kapsel bedecken. Für die richtige Höhe 2 Stäbe von 4 cm Höhe der Länge nach rechts und links an der zusammengesetzten Kapsel platzieren, mit einem Brett bedecken und mit Gewichten gleichmäßig beschweren. Mindestens über Nacht pressen.

Nachdem die Kapsel stabil ist, eine Platte mit den Maßen 15 cm x 40 cm und 2 mm Stärke aus ausgerolltem Marzipan herstellen. Die Kapsel dünn mit Kirschkonfitüre bestreichen, dann die Marzipanplatte daraufsetzen und mit einem Rollholz anpressen. Die Kapsel von der Unterseite dünn mit Bitterkuvertüre bestreichen und, sobald die Kuvertüre fest geworden ist, mit einem tropfen- oder blattförmigen Petits-Fours-Ausstecher einzelne Petits Fours ausstechen.

FONDANT-ÜBERZUG

- 1000 g Fondant
- 200 g Glukosesirup
- etwas Wasser oder Kirschwasser
- etwas braune Lebensmittelfarbe

Alle Zutaten zu einer glatten Masse verkneten, auf Körpertemperatur erwärmen und soweit verdünnen, bis der Fondant beim Überziehen der Petits Fours so herunterläuft, dass man die Schichtung noch schemenhaft erkennen kann.

Die Petits Fours abtrocknen lassen und vom Überziehgitter abschneiden.

DEKOR

- zartrosa farbene Blütenpaste
- weiße Eiweißglasur
- rot eingefärbter dunkler Rollfondant
- Garnierschokolade

Hellrosa Blütenpaste hauchfein ausrollen und mithilfe eines Blütenausstechers einzelne Blüten herstellen. Die Blütenblätter mit einen Löffelmodellierholz auf einer Schaumstoffplatte mit leichtem Druck so verformen, dass eine nach innen gewölbte Blüte entsteht. Diese Blüten in einer Mini-Silikonmatte trocknen lassen, dann einen kleinen Punkt Eiweißglasur in der Mitte der Blüte aufbringen und um diesen Punkt wiederum 6 weitere Mini-Punkte garnieren. Trocknen lassen. Anschließend aus dunkelbraunem, leicht rot eingefärbtem Rollfondant je Petits Four 2 kleine Blätter ausstechen und diese leicht wölben. Mit brauner Garnierschokolade auf die fertig überzogenen Petits Fours je 2 kleine unregelmäßige Ästchen garnieren. Das Dekor mit der Kirschblüte und 2 Blättchen beenden.

Glückskekse

REZEPT

HIPPENMASSE

› 100 g Marzipan
› 70 g Puderzucker
› 1 Prise Salz
› Zitronen- und Vanilleessenz nach Geschmack
› 90 g Eiweiß (von etwa 3 Eiern)
› 35 g Weizenmehl
› 40 g Sahne
› 10 g Kakaopulver

Marzipan in der Mikrowelle leicht erwärmen, dann alle Zutaten zu einer glatten Masse verrühren. Die Kreise mithilfe einer runden Schablone und einer Mini-Winkelpalette auf eine Silikon-Backmatte aufstreichen und bei 180 °C etwa 15 Minuten backen. Dann sofort auf Pergamentpapier geschriebene Sprüche auf die sich noch im Backofen befindlichen Kekse legen, diese zusammenklappen und nochmals falten. Erkalten lassen.

 TIPP Machen Sie doch ein Spiel daraus: Jeder Gast soll eigene Sprüche mit Glückwünschen für das Brautpaar auf Pergamentpapierstreifen schreiben und diese vorher bei den Trauzeugen abgeben, um sie dann in die Kekse einbacken zu lassen.

FÜR ETWA 100 KEKSE

 VERWENDETE FORMEN UND UTENSILIEN

› runde Schablone
› Mini-Winkelpalette

Kiss

REZEPTE

HIMBEER-WASABI-PRALINE

VORBEREITUNG DER FORMEN

› rote fettlösliche Kakobutterfarbe

Pralinenformen mit temperierter fettlöslicher Kakaobutterfarbe mithilfe eines Thermo-Airbrushs aussprühen und bei 12 °C anziehen lassen. Dann dünn mit temperierter dunkler Kuvertüre ausgießen.

GELEE

› 500 g Himbeerpüree (von Boiron)
› 50 g Zucker
› 12,5 g Pektin für Fruchtgelees
› 500 g Zucker
› 100 g Trockenglukose
› 7,5 g Weinsteinsäure (1:1)
› Himbeerbrand nach Belieben

Himbeerpüree in einer Kupferkasserole unter ständigem Rühren zum Kochen bringen. Das Zucker-Pektingemisch einrieseln lassen. Alles 2-3 Minuten kochen lassen. Das Zucker-Glukosegemisch in 3-4 aufeinanderfolgenden Etappen unter das Fruchtpüree mischen. Diese Mischung auf 107 °C erhitzen und solange kochen, bis 75 °Brix erreicht sind. Anschließend die Weinsteinsäure zufügen. Den Kochvorgang durch Zugabe von 10 g Wasser oder Himbeerbrand abbrechen.

Sofort in die vorbereiteten Formen gießen und gleichmäßig verteilen. Gelieren lassen. Dann Stücke von 1 cm x 2 cm zurechtschneiden und je eines in die ausgegossenen Pralinenformen füllen.

FÜR 120-130 STÜCK

ÜBERZUG

› dunkle Kuvertüre

VERWENDETE FORMEN UND UTENSILIEN

› Pralinenform „Kussmund"
› Thermo-Airbrush

GANACHE

› 115 g Sahne
› 15 g Glukose
› 60 g Himbeerpüree
› 2 g Wasabipulver
› 300 g Milchkuvertüre
› 40 g dunkle Kuvertüre
› 15 g Butter
› 15 g Himbeerbrand

Sahne, Glukose, Himbeerpüree und Wasabipulver aufkochen. Über die fein gehackten Kuvertüren gießen und zu einer glatten Ganache mixen. Bei 35 °C Butter und Alkohol untermixen.

Die Ganache bis auf etwa 1 mm unter den Rand der Praline auf das Gelee füllen und über Nacht verhauten lassen. Pralinen mit temperierter dunkler Kuvertüre verschließen, stabilisieren lassen und ausformen, sobald sich die Pralinen aus der Form lösen.

Kleine Geisha

FÜR ETWA 15 KEKSE

♡ **VERWENDETE FORMEN UND UTENSILIEN**

› Spezialausstecherssatz „Geisha"
› Schablone „Kirschblüte"
› Schminkpinsel
› Modelliermesser
› Blütenausstecher
› Modellierhölzer
› Schaumstoffplatte
› schwarzer Lebensmittelmalstift

REZEPT

BUTTERKEKS

- 250 g Butter
- 120 g Puderzucker
- 2 Eigelb (40 g)
- Mark von 1 Bourbon-Vanilleschote
- Abrieb von ½ unbehandelten Zitrone
- 1 Prise Meersalz
- 325 g Mehl, Type 405
- 40 g Speisestärke

Butter, Puderzucker, Eigelb, Vanillemark, Zitronenschale und Salz zu einer glatten Masse verkneten. Mehl und Speisestärke versieben und kurz streuselartig unterkneten. Leicht zusammendrücken und in Folie verpackt etwa 1 Stunde im Kühlschrank lagern. Anschließend den Teig mit etwas Mehl etwa 3 mm stark ausrollen und mit dem großen „Geisha"-Ausstecher Kekse ausstechen. Diese auf ein mit Backpapier belegtes Backblech setzen und bei 160 °C etwa 25 Minuten goldgelb backen.

DEKOR

- Rollfondant in Weiß, Zartrosa, Rosa und Schwarz
- Trockenfarben in Rosa, Gelb, Grün und Braun
- zartrosafarbene Blütenpaste
- weiße Kuvertüre
- weiße Mini-Perlen
- Eiweißglasur in Weiß und Gelb

Weißen Rollfondant etwa 2 mm stark ausrollen und damit das Kleid und den Schirm ausstechen. Dann den Kirschblüten-Stencil auf den Schirm drücken und mit einem Schminkpinsel und Trockenfarben das Muster auf die Schablone pinseln. Mithilfe eines Modelliermessers strahlenförmig von jedem angedeuteten Außenpunkt zur Mitte hin leicht eindrücken, sodass der Schirm etwas plastischer wird. Schirm und Kleid mit etwas weißer Kuvertüre auf dem Keks befestigen. Hellrosa Fondant ausrollen und daraus Kopf und Hände ausstechen. Dann hellrosa Blütenpaste sehr dünn ausrollen und mit dem Blütenausstecher eine einzelne Mini-Kirschblüte ausstechen. Die Blütenblätter mit einen Löffelmodellierholz auf einer Schaumstoffplatte mit leichtem Druck so verformen, dass am Ende eine nach innen gewölbte Blüte entsteht. Diese in einer Mini-Silikonmatte trocknen lassen und anschließend einen kleinen rosafarbenen Punkt mithilfe einer Nadel in der Mitte der Blüte fixieren.

Ärmel und Schleife aus dem ausgerollten rosa Fondant und die Haare aus ausgerolltem schwarzen Fondant ausstechen. Bei den Haaren sollte man darauf achten, dass der Zopf doppelt so hoch ist, da er am Kopf anliegt. Die Haare leicht mit dem Modellierholz nachmodellieren. Die einzelnen Teile auf dem Keks fixieren und mit einem schwarzen Lebensmittelmalstift die Augen und den Mund auf das Gesicht malen. Mit Trockenfarbe in Rosa die Wangen schminken.

Mit Eiweißglasur auf Ärmel und Saum des Kleides eine wellenförmige Linie garnieren, dann sofort mit weißen Miniperlen abstreuen. Mit der Garniertüte abschließend gelbe Punkte aus Eiweißglasur auf den Schirm garnieren.

Torte **ZWEI WEISSE PFAUEN**

Hochzeit schwarz-weiß

Farbe gibt es bei diesem Sweet Table kaum. Es dominieren Weiß, Schwarz und Grau. Das ist absolut spannend und überraschend. Ganz besonders auffällig ist natürlich die tiefschwarze vierstöckige Hochzeitstorte mit den filligranen Zuckerschwänen, die es so zuvor noch nicht gegeben hat!

Give-away **TANZENDE SCHATTEN**

Muffin **WHITE PEARL**

Torte **KRONLEUCHTER**

Lolly **SPITZEN-DECKCHEN**

Torte **BLACK SWAN**

Petits Fours **B.S. BLACK LABEL**

Zwei weiße Pfauen

Dies ist für mich die vielleicht schönste Torte in diesem Buch. Meine Frau war zwar etwas skeptisch, was den grauen Überzug angeht, der aber zusammen mit Silber und Lila einfach nur edel wirkt. Die beiden filigran gearbeitete Pfauen machen sie zu etwas absolut Einzigartigem.

FÜR ETWA 75 PERSONEN

 TORTE

4 Torten und 1 Kuppel
von unten nach oben:
Ø 30 cm, 8 cm hoch; Ø 26 cm, 8 cm hoch;
Ø 18 cm, 14 cm hoch; Ø 14 cm, 12 cm hoch
Kuppel Ø 14 cm

EMPFOHLENE TORTEN

Stabile Cremetorten (siehe Seite 246 bis 251)

 ÜBERZUG

› grauer Rollfondant, etwa 4-5 kg

 VERWENDETE FORMEN UND UTENSILIEN

› Blütenausstecher
› Kugelmodellierholz
› Schaumstoffplatte
› Utensilien für die Arbeit mit Zucker
› gezackter und gewellter Bordürenausstecher
› Pagoden- oder herzförmige Ausstecher
› CMC-Kleber
› Spieße aus Holz
› lilafarbene Stoffbänder
› Schablone „Polkadot"
› Mini-Lochtülle

HOCHZEIT SCHWARZ-WEISS 105

DEKOR

BLÜTEN

› weiße Blütenpaste
› lilafarbene Eiweißglasur
› lilafarbene Miniperlen
› Trockenfarbe in Lila

Es werden etwa 45 Blüten benötigt. Dafür weiße Blütenpaste sehr dünn ausrollen, die Blüten mithilfe eines entsprechenden Ausstechers herstellen und diese sofort in einen durchsichtigen Umschlag legen, damit sie nicht so leicht austrocknen können. Anschließend mit einem Kugelmodellierholz auf einer Schaumstoffplatte die Kanten einer jeden Blüte nochmals nachrollen, damit sich die Blütenblätter leicht wellen. Zum Trocknen lege ich die Blüten umgedreht auf eine Kunststoffform oder, wenn die Blüten etwas geschlossener sein sollen, direkt in die Form. Sobald die Blüten getrocknet sind, mit lila gefärbter Eiweißglasur fünf Mini-Punkte in die Blüte garnieren und anschließend mit lilafarbenen Miniperlen abstreuen. Die Kanten der Blüten mit lilafarbener Trockenfarbe nachschminken.

DEKOR-PFAUEN

› weißer Zucker oder Isomalt
› klarer Spinnzucker
› gelber Zucker
› schwarzer Zucker

Die Körper der Pfauen können gut vorproduziert werden. Hierfür weißen, gezogenen, gut durchgemischten Zucker oder Isomalt in der Größe einer Walnuss auf den erwärmten Metallstab des Blasebalgs modellieren und leicht aufpumpen. Mit den Fingerspitzen den Kopf herausmodellieren und ihn dann etwas flach drücken. Anschließend den Hals herausziehen. An der anderen Seite den Schwanz herausziehen und so dem Pfau seine typische Form geben. Dann den Körper mit dem Kaltluftstrahl des Kaltluftföhns abkühlen.

Aus gezogenem, weißen Zucker je Flügel 2 Zuckerblätter in der Größe des Zuckerstempels ziehen, diese sofort abstempeln und passend für den Pfauenkörper in Form bringen.

Für die Pfauenfedern ein Band aus gezogenem, darauf ungezogenem, transparentem und erneut gezogenem Zucker legen (siehe Seite 169). Aus diesem Band 12 etwa 4 cm lange Stücke schneiden und aus jedem Stück die typischen „herzförmigen" Federn herausziehen.

Aus klarem Spinnzucker ausreichend viele Fäden spinnen, sodass der Schwanz später vor Ort hergestellt werden kann.

SPINNZUCKER

› 1000 g Zucker
› 500 g Wasser
› 200 g Glukosesirup

Zucker und Wasser auflösen, aufkochen und abschäumen. Glukosesirup zugeben und alles auf 154 °C kochen. Sobald der Kochgrad erreicht ist, in kaltem Wasser abschrecken.

Aus gelbem Zucker je einen Schnabel modellieren, außerdem je einen Höcker aus schwarzem Zucker. Die Augen ebenfalls aus schwarzem Zucker auf den Pfau tupfen. Für die Kopffedern ein kleines Stück Zucker wie ein Band ziehen und mit etwas Schwung abmodellieren. Dies erst an den Pfau ansetzen, sobald er stabil an der Torte angebracht ist.

01 Gekochten Zucker oder aufgelösten Isomalt auf zähflüssige, honigartige Konsistenz herunterkühlen.

02 Einen abgesägten Schneebesen in den Zucker eintauchen und den überschüssigen Zucker abtropfen lassen.

03 Mit der Hand Zuckerfäden abspinnen.

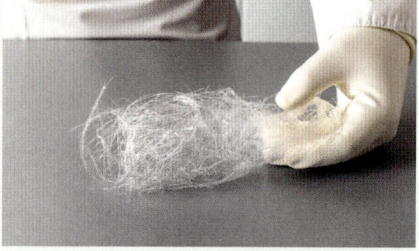

04 Diesen Vorgang so oft wiederholen, bis genügend „Federn" entstanden sind.

FERTIGSTELLUNG

› weißer Rollfondant
› Eiweißglasur
› Blattsilber
› erwärmter, gezogener, weißer Zucker

Nacheinander die gut gekühlten Torten mit grauem Rollfondant mit weicher Kante (siehe Seite 260) eindecken. Die 4 Unterlagen für die Torten, sogenannte „Cakeboards" (Pappe- oder Hartschaumplatten), zuschneiden, ebenfalls grau eindecken und lila Stoffbänder daran befestigen.

Die oberste Torte, der Vogelkäfig, besteht aus einer normalen Torte (Ø 14 cm) sowie einer Kuppeltorte (Ø 14 cm), die aufeinander gesetzt werden.

Zunächst beide Torten zusammenbauen. Anschließend weißen Rollfondant dünn auf 2 mm Stärke ausrollen und in Streifen von 3 mm Breite schneiden. Die Länge sollte mindestens von der Spitze bis zum Boden des Käfigs reichen. Die Bänder an der Spitze keilförmig zurecht schneiden und von einer Seite mit etwas Wasser bestreichen. Im Abstand von 3 cm an die Torte anlegen. Sollten die Bänder nicht gerade sein, mit einem Lineal nachhelfen.

Für die Querdekoration erneut weißen Rollfondant auf 2 mm Stärke ausrollen, daraus ein Band mithilfe eines gezackten und eines gewellten Bordürenausstechers herstellen. Dann mit verschiedenen Pagoden- oder herzförmigen Ausstechern ein Muster einbringen. Das perforierte Band auf ein biegsames Lineal ziehen, dünn mit Wasser bestreichen und vorsichtig ankleben. Das breitere Band an der Unterseite des Käfigs und das dünnere Band an der Kante vom Übergang der einfachen Torte zur Kuppeltorte anbringen.

Abschließend 2 Ringe sowie die Spitze des Vogelkäfigs aus Rollfondant modellieren. Um perfekte Ringe zu bekommen, zuerst eine kleine Rolle von 3 mm Durchmesser herstellen, diese dann um einen Ausstecher mit 2 cm Durchmesser legen und die sich überlappenden Enden abschneiden. Die Enden mit etwas CMC-Kleber zusammenkleben. Sobald der erste angetrocknet ist, den zweiten Ring herstellen und an den ersten Ring anmodellieren. Beide Enden zusammenkleben und den noch zu trocknenden zweiten Ring mit etwas Watte unterbauen. Dann beide Ringe komplett durchtrocknen lassen.

Für die Spitze zuerst 2 kleine Kugeln von 2 cm Durchmesser aus Rollfondant modellieren. Eine davon spitz zumodellieren und dann beide auf einem Spieß aufeinanderkleben. Beim Zusammenbauen der Torte die Ringe auf der Spitze mit etwas CMC-Kleber oder Eiweißglasur fixieren.

Die unterste Torte mithilfe der Polkadot-Schablone markieren und mit Eiweißglasur sowie einer Mini-Lochtülle kleine Punkte auf die Markierungen garnieren.

An der zweiten Torte von unten die vorgefertigten Blüten mit etwas Eiweißglasur befestigen.

Die dritte Torte mit etwas Wasser befeuchten und dicht an dicht das Blattsilber anlegen.

Die Torten und den Zuckerkoffer zum Veranstaltungsort transportieren und erst dort die Torten zusammenbauen. Bis auf den Käfig alle mittig aufeinandersetzen. Den Käfig versetzt nach hinten links setzen, damit die Pfauen genügend Platz haben. Die Zucker-Pfauen nun jeweils mit einem Spieß auf der Torte befestigen und den Spinnzucker am Schwanz anmodellieren. Mit erwärmtem, gezogenem, weißen Zucker einige lange spitze Federn ziehen, um den Übergang zu verdecken. Die vorher gezogenen Federn auf dem Spinnzucker-Schwanz befestigen.

Abschließend 3 Blüten sowie die Spitze mit den Ringen auf dem Käfig anbringen.

White Pearl

FÜR ETWA 12 CUPCAKES

ÜBERZUG

- weißer Rollfondant, etwa 1 kg

VERWENDETE FORMEN UND UTENSILIEN

- Silikonform „Perlenbrosche“ (z.B. von Karen Davies)
- Schminkpinsel
- Schablone mit Ornament-Muster
- Perlenkettenpresser (z. B. von Pavoni)
- silberne Muffinkapseln

STÄNDER

- von Wilton

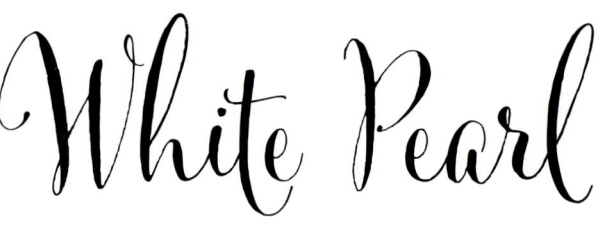

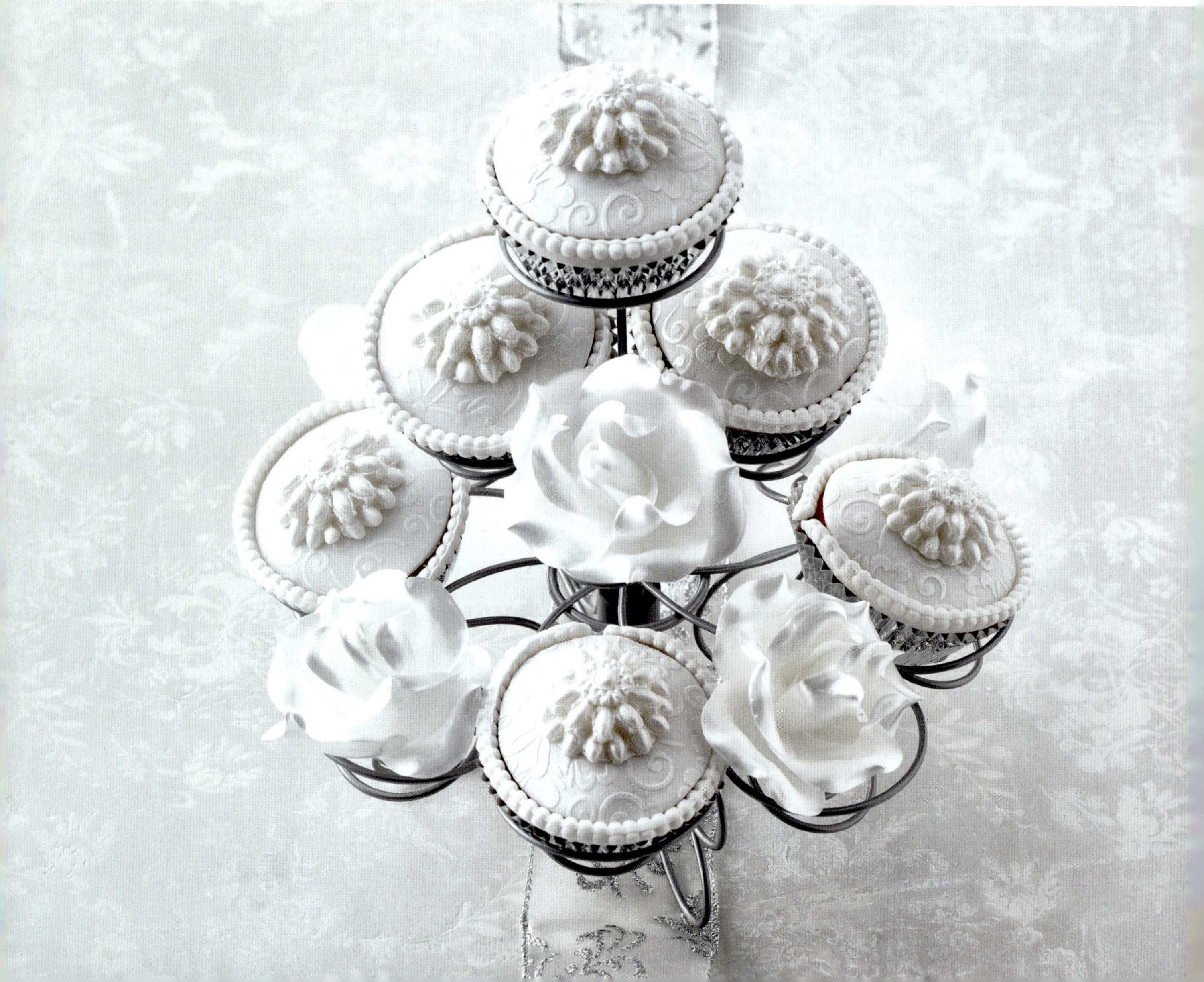

REZEPTE

GRUNDREZEPT MIT VARIANTEN FÜR 12 MUFFINS

- 240 g Mehl, Type 405
- 1 TL Backpulver
- ½ TL Salz
- 90 g Zucker
- 1 Ei
- 125 ml Milch
- 60 ml Pflanzenöl

Mehl und Backpulver in eine Schüssel sieben. Salz und Zucker zugeben. Das Ei mit dem Schneebesen (oder einer Gabel) in einer kleinen Rührschüssel aufschlagen, Milch und Öl dazugeben und alles kurz vermischen. In die Mitte des Mehlgemischs eine kleine Mulde eindrücken, die flüssigen Zutaten dazugießen und alles mit dem Teigschaber vermengen. Der Teig sollte schwer vom Löffel reißen. Die Früchte oder anderen Zutaten mit dem Teigschaber unterheben. Den Teig bis zu 2/3 Höhe in die Muffin-Förmchen einfüllen und bei 180 °C etwa 20 Minuten backen. Nach dem Backen etwa 4 Minuten abkühlen lassen und die Muffins aus der Form heben, evtl. auf einem Kuchengitter weiter abkühlen lassen.

VARIATIONEN

(bei der Zugabe von "trockenen" Zutaten, gegebenenfalls zusätzlich Flüssigkeit verwenden)

PFIRSICH-PEKANNÜSSE

- 80 g getrocknete, gehackte Pfirsiche
- 65 g gehackte Pekannüsse

DATTEL-WALNUSS

- 80 g gehackte Datteln
- 65 g gehackte Walnüsse

ZITRONE-MOHN

- Abrieb von 1 unbehandelten Zitrone
- 75 g gemahlener Mohn

SCHOKOLADE

- 30 g Kakaopulver
- 200 g backfeste Schokoladenchips

APFEL

- 2 ml Zimtpulver
- 1 geschälter, entkernter, gewürfelter säuerlicher Apfel

SURPRISE

Die Muffinförmchen zur Hälfte füllen, je 1 Teelöffel unterschiedliche Konfitüre daraufgeben und mit Teig auffüllen.

HEIDELBEEREN

- 115 g gefrorene Heidelbeeren

DEKOR

- weißer Rollfondant
- silbernes Metallicpulver
- weiße Zuckerrosen (siehe Seite 222)

Für die Broschen Kugeln aus weißem Rollfondant herstellen, dann die Form mit Silber-Metallicpulver pudern und anschließend die Kugel in die Form drücken. Die Brosche nachformen, überflüssige Masse abschneiden und vorsichtig ausformen. Die Broschen zum Schluss mit einem Schminkpinsel nachpolieren, damit sie stärker glänzen.

Weißen Rollfondant auf 3 mm Stärke ausrollen, die Schablone auflegen und das Muster aufrollen. Anschließend mit Silber-Metallicpulver abpudern und erst dann die Schablone abziehen. Mit einem runden Ausstecher Kreise von 8 cm Durchmesser ausstechen.

Für die Perlenkette Stränge aus weißem Rollfondant von 3 mm Durchmesser ausrollen. Diese mit Silber-Metallicpulver abpudern und mit der Perlenkettenpresse abpressen.

FERTIGSTELLUNG

- Butterkrem nach Belieben (siehe Seite 238 bis 240)

Sobald alle Dekore vorbereitet sind, können die Cupcakes fertiggestellt werden.

Cupcakes leicht bombiert mit der Buttercreme einstreichen, in silberne Kapseln setzen und zuerst mit dem ausgestochenen Aufleger dekorieren, dann mit Broschen und Perlenkette. Cupcakes und Zuckerrosen erst vor Ort auf dem Cupcakeständer anbringen.

Kronleuchter

Ich habe mich lange gegen Nichtessbares auf einer Torte gewehrt, da mir das auf meinen zahlreichen Wettbewerben selbstverständlich auch verboten war. Nun habe ich eine Silikonform gefunden, die mir einen perfekten Kompromiss erlaubt.

FÜR ETWA 130 PERSONEN

TORTE

3 Torten
je 16 cm hoch
Ø 18 cm, 26 cm, 32 cm

EMPFOHLENE TORTEN

Stabile Cremetorten (siehe Seite 246 bis 251)

ÜBERZUG

› weißer Rollfondant, etwa 4–5 kg

VERWENDETE FORMEN UND UTENSILIEN

› Silikonform für schwarze Perlenketten auf Draht
› silberner Blumendraht
› Silikonform für weiße Perlenkette
› Schminkpinsel
› Schablone „Kronleuchter" in 3 verschiedenen Größen

DEKOR

SCHWARZE ZUCKER-PERLENKETTEN

› Isomalt
› schwarze Zuckerfarbe

Isomalt auflösen und mit konzentrierter schwarzer Zuckerfarbe einfärben. Silbernen Blumendraht in die Silikonformen einspannen und den heißen Isomalt in die Form gießen, bis sie komplett gefüllt ist. Die Form vollkommen erkalten lassen und anschließend das Gießstück vorsichtig ausformen. Die mit dem Draht vergossenen Perlen vorsichtig abbrechen (oder einfach mit einem heißen Messer abschneiden). Je nach Tortenvariante werden verschiedene Silikonformen benötigt.

WEISSE ZUCKERROSEN ODER MOHNBLÜTEN

Für die Tortenvariante mit den Rosen werden 4 Zuckerrosen (siehe Seite 222) benötigt. Für die Mohnvariante benötigt man 3 Mohnblüten (siehe Seite 224) und einige dünne, gezogene Zuckerfäden.

WEISSE PERLENKETTE

› weißer Rollfondant
› Perlmutt-Metallicpulver

Für die Perlenkette verwende ich gerne Silikonmodel, so kann man ganz rationell arbeiten.

Zuerst eine Rolle aus weißem Rollfondant herstellen. Die Form mit Perlmutt-Metallicpulver auspudern, dann die Rolle in die Form drücken. Nachformen, die überflüssige Masse abschneiden und das Perlenband vorsichtig ausformen. Die Perlen mit einem Schminkpinsel nachpolieren.

KRONLEUCHTER-MOTIV AUS EIWEISSSPRITZGLASUR

› weiße Eiweißglasur
› schwarzes Lebensmittelfarbenkonzentrat

Die Torten mit Rollfondant mit relativ scharfer Kante eindecken (siehe Seite 262) und zuerst die große Schablone für die weiße Eiweißglasur anlegen und das Muster aufbringen. Dann mit etwas schwarzer Lebensmittelfarbe die Glasur grau einfärben, und die nächstgrößere Kronleuchter-Schablone auflegen. Darauf das Grau streichen. Abschließend die Glasur komplett schwarz einfärben. Dabei darauf achten, dass die Glasur nicht zu weich wird. Mit der kleinsten Schablone die letzte Kronleuchterdekoration auftragen. Ich warte immer, bis die vorige Farbe angetrocknet ist, so kann ich beim Arbeiten nichts verwischen. Die Positionierung der Dekore sollte man vorher auf einem Blatt Papier in Breite und Umfang der Torte testen.

Sobald alle Torten zum Zusammensetzen vorbereitet sind, die Torte komplett zusammenbauen und die Kantenübergänge mit den weißen Perlenketten dekorieren. Für die herunterhängenden schwarzen Perlenketten befestige ich den Draht an einem Spieß und stecke diesen dann in die Torte. So können die Perlenketten frei hängen.

Zum Schluss die gezogenen Zuckerblüten und bei der Mohnvariante die Zuckerfäden anbringen.

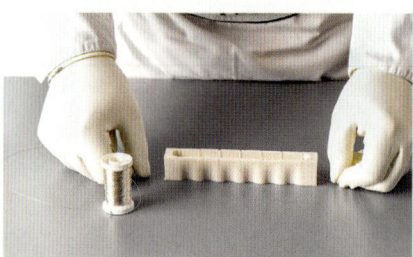

01 Draht in die Silikonform einlegen.

02 Aufgelösten, gefärbten Isomalt in die Form gießen.

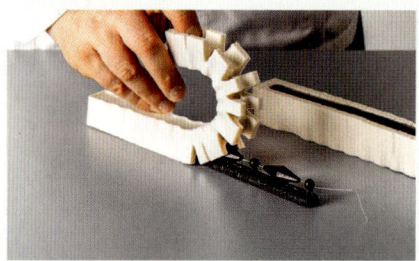

03 Erstarrte Kette ausformen und von den Gusskanälen befreien.

04 Fertige Ketten.

HOCHZEIT SCHWARZ-WEISS 115

Black Swan

Wir haben in der Konditorei Siefert viele Auszubildende gehabt, aber nur einer davon hat sich an das Thema „Schwarzer Schwan" getraut. Malinda kam aus Sri Lanka und war einer unserer Besten.

FÜR ETWA 100 PERSONEN

 TORTE

4 Torten
je 8 cm hoch
Ø 20 cm, 26 cm, 32 cm, 38 cm

EMPFOHLENE TORTEN

Stabile Cremetorten (siehe Seite 246 bis 251)

Malindas „Mango Noire" setzt sich zusammen aus: Schokoladenböden, Mango-Fruchteinlage, Mangobutterkrem und Nougatcrisp.

ÜBERZUG

› schwarz eingefärbter Rollfondant oder Marzipan, etwa 6 kg

 VERWENDETE FORMEN UND UTENSILIEN

› Utensilien für die Arbeit mit Zucker
› Zuckerstempel für Schwanenflügel
› Schweißdraht für die Blütenranke
› Blütenstempel „Orchidee"
› Silikonrollholz
› Silikon-Ornamentformen für gewellte schwarze Dekore und Schwanenfedern
› Rollmodel „Ornament" für Styropor-Abstandshalter
› Stempeldekor „Rosenranke" für Bänder
› Gewellter Marzipankneifer

 STÄNDER

› Abstandhalter aus Styropor:
5 cm hoch, Ø 22 cm, 18 cm, 16 cm, 14 cm

DEKOR

SCHWANENPAAR

› Isomalt
› schwarzes Lebensmittelfarbenkonzentrat

Schwarzen Zucker zu blasen ist etwas schwieriger als weißen gezogenen Zucker, da man ihn nicht ziehen darf, sonst wird er silbrig.

Zuerst den Isomalt auflösen und mit konzentrierter, schwarzer Lebensmittelfarbe einfärben.

 ACHTUNG Schwarz enthält viel Säure, deshalb sensibel auf die Menge achten, da der Schwan sonst instabil wird.

Nachdem der Isomalt ausreichend abgekühlt ist, gut durchgemischten Zucker in der Größe einer Walnuss auf den erwärmten Metallstab des Blasebalgs modellieren und zunächst etwas aufpumpen. Mit den Fingerspitzen den Schnabel modellieren und den Kopf herausziehen, dann etwas flach drücken. Anschließend den Hals und am anderen Ende den Schwanz herausziehen, so bekommt der Schwan seine typische Form. Der erste wird sitzend geblasen, der zweite stehend. Im Kaltluftstrahl des Föhns erkalten lassen.

Je Flügel ein Zuckerblatt in Größe des Zuckerstempels ziehen und für den sitzenden Pfau eine runde Löffelform und für den stehenden eine langgezogene, verdrehte Form wählen und sofort abstempeln. Direkt in Form bringen, sodass sie zu den jeweiligen Schwänen passen.

Für die Bodenplatte ein Band aus ungezogenem schwarzem, transparentem und gezogenem schwarzem Zucker mit Schleifenelementen (siehe Seite 169) ziehen und die Schwäne darauf fixieren.

ORCHIDEENRANKE

› Isomalt
› schwarzes Lebensmittelfarbenkonzentrat

Für die Orchideen-Variante wird ein biegsamer, aber elastisch stabiler Schweißdraht benötigt. Sobald er passend zurechtgebogen wurde, gleichmäßig dünn mit schwarzem Zucker umwickeln. Zum Befestigen des Drahts ist eine gegossene Zucker-Bodenplatte für die Torte hilfreich. Anschließend 5 schwarze Orchideen modellieren (siehe Seite 226).

FILIGRAN-DEKORE

› Marzipan
› schwarzes Lebensmittelfarbenkonzentrat
› Kohlenstoff
› Hartfett (z. B. Biskin)

Es werden außerdem 30 Filigran-Dekore benötigt. Nach der Herstellung ausformen und zum Trocknen auf eine Kunststoffwelle legen (siehe Seite 117).

Mit den 5 kleinen und 2 großen Federn für die Ranke ebenso verfahren, dann bis zum Federkiel teilweise einschneiden, in eine Wellenform einlegen, so wirken die Federn sehr echt. Vor dem Anbringen müssen die Dekorelemente absolut trocken sein.

FERTIGSTELLUNG

› schwarz eingefärbtes Marzipan und Rollfondant
› Glukose

Als nächstes die Styroporabstandshalter eindecken. Dafür zunächst schwarzes Marzipan auf etwa 3 mm Stärke ausrollen, dann mithilfe des Rollmodels das Ornament aufbringen. Anschließend Streifen in Höhe der Styropor-Abstandshalter ausschneiden. Diese Streifen aufrollen und auf dem angefeuchteten Styropor wieder abrollen. Die Enden mit einem Marzipanmesser gerade abschneiden.

Die gut gekühlten Torten mit schwarzem Marzipan oder Rollfondant mit relativ scharfer Kante eindecken (siehe Seite 262).

Für den Bänderdekor schwarzes Marzipan oder Rollfondant auf 3 mm Stärke ausrollen und mithilfe des Stempels ein „Rosenrankendekor" aufstempeln, dann lange Bänder auf 2 cm Breite zurechtschneiden. Diese Bänder zu Schnecken aufrollen, die Kanten der Torten befeuchten und die Bänder daran abrollen. Mit dem Kneifer ein Wellenmuster auf der Oberkante einprägen.

Abschließend zuerst die Torte mit den Abstandhaltern zusammenbauen und gleichmäßig mit den gewellten Filigrandekoren dekorieren.

Dann, je nach Variante, das Schwanenpaar direkt aufsetzen oder zuerst den Draht auf der Bodenplatte aus Zucker befestigen und mit etwas Glukose rutschfest auf der obersten Torte anbringen. Dann die Schleifen und die Schwäne anbringen und den Draht mit den Orchideen und Federn dekorieren.

HOCHZEIT SCHWARZ-WEISS

01 Marzipan mit schwarzer Lebensmittelfarbe und Kohlenstoff.

02 Farben auf das Marzipan geben.

03 Marzipan mit Silikonhandschuhen durchkneten.

04 Fertig durchgeknetetes Marzipan.

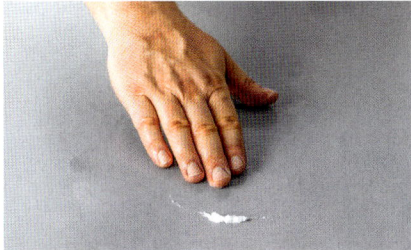
05 Zum Ausrollen nur Hartfett verwenden, Puder würde man später sehen.

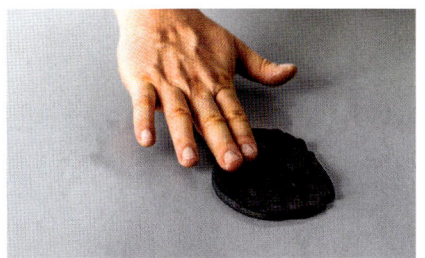
06 Auch die Oberfläche des Marzipans mit Hartfett bestreichen.

07 Mit einem Silikonrollholz ausrollen.

08 Für die Spitzendekore die Masse dünn ausrollen und mit einem Ausstecher in Form bringen.

09 Ausgerolltes Marzipan gut eindrücken.

10 Überschüsse mit einem Marzipanmesser abschneiden.

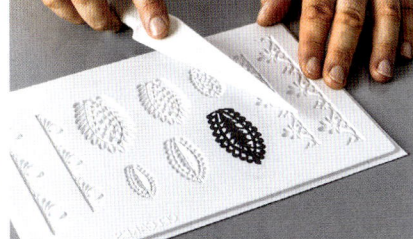
11 Dann vorsichtig mit einem Nadelwerkzeug ausformen.

12 Zum Trocknen auf eine gewellte Unterlage geben.

Spitzendeckchen

FERTIGSTELLUNG

- 600 g dunkle Kuvertüre
- etwa 120 g schokolierte Peta Zetas (Knallbrause) (von Sosa)

Für das Spitzenmuster die Rezeptzubereitung der Silikonmattenhersteller verwenden. Die Spitzen herstellen (siehe Seite 49). Für diese Zubereitung die Spitze jedoch in der Silikonmatte belassen. Auf jedes der runden Spitzendeckchen 50 g temperierte dunkle Kuvertüre aufgarnieren und flachklopfen. Sofort einen Lollystiel eindrücken und mit schokolierter Knallbrause bestreuen. Sobald die Kuvertüre stabil ist, die Silikonmatte abziehen.

FÜR ETWA 12 LOLLYS

VERWENDETE FORMEN UND UTENSILIEN

- Silikonmatte „Spitzendeckchen" (z.B. von Modecor)
- Lollystiele (z.B. von Müller-Dekor oder Cardin Deko)

B.S. Black Label

REZEPT

KROKANT-BAUMKUCHEN-PETITS FOURS

- 160 g Butter
- Mark von 1 Vanilleschote
- 3 g Meersalz
- 5 g Kardamom
- 2 g Tonkabohne
- Abrieb von 1 unbehandelten Zitrone
- 9 Eigelbe (160 g)
- 50 g Rum
- 9 Eiweiß (270 g)
- 180 g Zucker
- 80 g Mehl, Type 550
- 80 g Speisestärke
- zum Aufstreuen auf jede Schicht Baumkuchenmasse: 150 g Krokant

Butter mit Gewürzen schaumig rühren, nach und nach die Eigelbe sowie den Rum unterrühren. Eiweiß mit Zucker zu einem stabilen Schnee schlagen. Dann abwechselnd beide Massen mit dem versiebten Mehl-/Stärkegemisch melieren.

Etwas Masse dünn in eine gefettete und gemehlte Springform geben, gleichmäßig mit der Winkelpalette verteilen. Dann etwas Krokant aufstreuen und im Backofen nur mit Oberhitze schichtweise so abflämmen, dass jede Schicht gerade so gebacken ist. So oft wiederholen, bis Masse und Krokant aufgebraucht sind. Auskühlen lassen, dann die Unterseite dünn mit temperierter dunkler Kuvertüre bestreichen und anziehen lassen. Mithilfe einer Schneidegeige oder einem Messer in Quadrate von 3 cm x 3 cm schneiden. Diese mit temperierter dunkler Kuvertüre überziehen. Jedes Petits Fours mit einem gefrosteten Siegelstempel abstempeln.

FÜR 60 PETITS FOURS

ÜBERZUG

- dunkle Kuvertüre, etwa 200 g

VERWENDETE FORMEN UND UTENSILIEN

- Quadratische Springform
- Winkelpalette
- Schneidegeige oder Messer
- Briefsiegel „BS"

Tanzende Schatten

FÜR ETWA 15 KEKSE

ÜBERZUG
› schwarze Eiweißglasur

VERWENDETE FORMEN
› Ausstecher „Brautpaar"
› Garniertütchen

REZEPT

BUTTERGEBÄCK-MÜRBTEIG

- › 250 g Butter
- › 120 g Puderzucker
- › 2 Eigelb (40 g)
- › Mark von 1 Bourbon-Vanilleschote
- › Abrieb von ½ unbehandelten Zitrone
- › 1 Prise Meersalz
- › 325 g Mehl, Type 405
- › 40 g Speisestärke

Butter, Puderzucker, Eigelb, Vanillemark, Zitronenabrieb und Salz zu einer glatten Masse verkneten. Mehl und Speisestärke versieben und streuselartig kurz unterkneten. Dann leicht zusammendrücken und in Folie verpackt etwa 1 Stunde im Kühlschrank lagern. Mit etwas Mehl etwa 3-4 mm stark ausrollen und mithilfe des Ausstechers Kekse herstellen. Auf ein mit Backpapier belegtes Backblech setzen. Bei 150 °C etwa 25 Minuten goldgelb backen.

TIPP Mürbteig sollte immer sehr kalt gebacken werden, da sonst zu viel Restfeuchte verbleibt und das Gebäck schnell zäh wird. Soll das Gebäck noch mürber werden, die Eigelbe in der Mikrowelle zum Stocken bringen und durch ein feines Sieb passieren, bevor Sie es zum Teig geben.

DEKOR

- › Eiweißglasur
- › schwarze Lebensmittelfarbe (Konzentrat oder Pulver)

Eiweißglasur mit schwarzer Lebensmittelfarbe einfärben.

Mit einem Garniertütchen eine feine Linie als Umrandung aufgarnieren. Die Glasur mit Wasser tropfenweise solange verdünnen, bis sie fließender wird. Die flüssige Glasur ebenfalls in ein Garniertütchen füllen und den umrandeten Keks damit auslassen. Gegebenenfalls Luftblasen mit einer Nadel aufstechen und trocknen lassen.

Bayrisch verspielt ♥

Suchen Sie die richtigen Kreationen für heimatverbundene Menschen? Dann lassen Sie sich von den folgenden Torten, aber auch von den kleinen Käferchen, den Kleeblättchen oder dem Barockherz inspirieren. Wenn ein interessiertes Brautpaar in Trachten heiraten möchte, sollten Sie unbedingt die Farbigkeit und den Stil der Hochzeitstracht in Ihrer Torte oder den Törtchen berücksichtigen. Damit können Sie überraschen und überzeugen.

Give-away **BAROCKHERZ**

Give-away **BAYERNREISE**

Torte **BAYRISCHE ART**

Pralinen **MARIENKÄFER**

Give-away **WÜRMCHEN**

Pralinen **BAILEYS-KLEEBLÄTTER**

Torte **GLÜCKSKÄFER**

Bayrische Art

Der Baumkuchen ist vielleicht der deutscheste aller Kuchen. Bereits bei der Weltmeisterschaft haben wir als Verkleidung einen schraubenförmig gedrehten Baumkuchen gebacken. Die Löcher im Ständer brachten mich auf die Idee mit den hängenden Dekoren. Ein echter Hingucker.

FÜR 50-60 PERSONEN

 TORTE

3 Torten
je 6 cm Höhe
Ø 18 cm, 24 cm, 30 cm

EMPFOHLENE TORTEN

Stabile Cremetorten (siehe Seite 246 bis 251)

ÜBERZUG

› weißer Rollfondant, etwa 500 g

 VERWENDETE FORMEN UND UTENSILIEN

› weiße und hellblaue Dekorbänder
› Ausstecher „Raute"
› Ausstecher „Schleife"
› Wasserpinsel
› doppelseitiges Klebeband
› Ausstecher „Blatt"
› CMC-Kleber
› Styroporring (Ø 16 cm)
› mittelstarker Blumendraht
› Holz-Schaschlikspieße
› Stoffmusterfolie (z.B. von PCB)
› Extruder
› ovaler Ausstecher
› Silikonform „Herz"
› dünner Schaumstoff

REZEPT

MARZIPAN-BAUMKUCHENMASSE

› 380 g Butter
› 200 g Marzipanrohmasse
› 15 g Abrieb von unbehandelten Zitronen
› Mark von 1 Vanilleschote
› 200 g Weizenpuder
› 700 g Eiweiß
› 4 g Salz
› 380 g Zucker
› 400 g Eigelb
› 200 g Mehl
› Aprikosenkonfitüre
› Fondant

Eine dünne Baumkuchenstange (der Durchmesser sollte etwas größer als der des Tortenständerstabes sein) mit Alufolie einschlagen und vorheizen. Butter mit in der Mikrowelle erwärmter Marzipanrohmasse, Zitronenabrieb, Vanillemark und Weizenpuder zu einer klumpenfreien Masse schaumig schlagen. Anschließend Eiweiß mit dem Salz schaumig schlagen und schrittweise den Zucker einrieseln lassen, bis ein stabiler Eischnee entstanden ist. Zuerst das Eigelb unter die Buttermasse rühren und abwechselnd den Eischnee sowie das gesiebte Mehl unterheben. Die Baumkuchenmasse leicht in der Baumkuchenwanne erwärmen, sodass die Masse fließfähig wird. Die ersten 3 Schichten trocken und glatt backen. Dann die nächsten 3 Schichten gedreht backen. Hierfür die Masse zunächst glatt aufziehen und mit 2 Rührlöffelenden wie ein Drechsler regelrecht abziehen, sodass von der Masse nur noch eine schraubenartige Linie übrig bleibt. Diese Teigschichten nicht zu trocken, sondern goldgelb backen. Die zweite Schicht ist die schwierigste, da man wieder die Kerbe treffen muss.

Nach dem Backen dünn mit Aprikosenkonfitüre aprikotieren und mit Fondant glasieren. Sobald der Baumkuchen ausgekühlt ist, auf mindestens 16 cm zurechtschneiden und mit passendem weißen Stoffband in der Kerbe umwickeln.

DEKOR

TORTENDEKORE

› Rollfondant in 4 blauen Farbabstufungen (dunkelblau bis himmelblau) und weiß

Torten mit weißem Rollfondant mit weicher Kante eindecken (siehe Seite 260). Dann mit dem Rauten-Ausstecher blaue Rauten in vier Farbabstufungen sowie weiße Rauten in verschiedenen Größen ausstechen. Mit dem dunkelsten Blau ein klassisches Rautenmuster in etwa einem Tortenstück Breite an jeder Torte anlegen, dann immer heller werdend nach rechts und links in unregelmäßigeren Abständen die restlichen Farben auf und an der Torte anbringen. Aus weißem Rollfondant 2 dünne Rollen modellieren und zu einer Kordel verdrehen, dann jeweils ab der Hälfte der Torten an deren Unterkante fixieren. Anschließend die gleiche Kordel aus weißem und blauem Rollfondant herstellen und ebenfalls an der Torte befestigen.

Einige Tage im Voraus blau-weiße Schleifen herstellen und trocknen lassen (siehe Seite 129). Erst nach dem Trocknen an der Torte anbringen.

BAYRISCH VERSPIELT 129

01 Blauen und weißen Rollfondant zwischen Folie gleichmäßig dünn ausrollen.

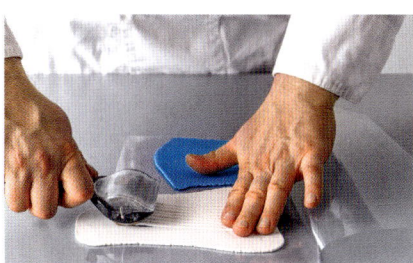
02 Mithilfe einer Kräuterschneiderolle in gleichmäßige Streifen schneiden.

03 Mit einem Marzipanmesser zurechtschneiden.

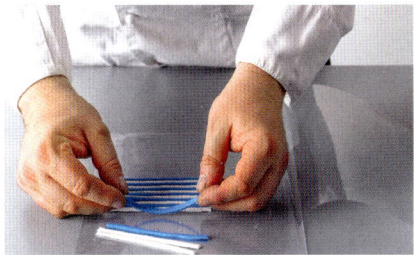
04 Streifen abwechselnd aneinanderlegen.

05 Streifen zwischen Folie weiter flach ausrollen.

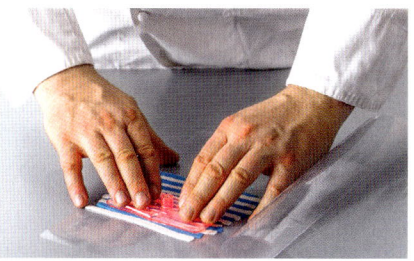
06 Schleifen mithilfe eines Ausstechers herstellen.

07 Einzelteile mit einem Nadelwerkzeug separieren.

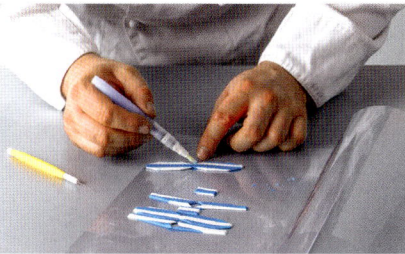
08 Die Punkte, die beim Zusammenkleben der Schleife aneinander haften sollen, mit einem Wasserpinsel leicht befeuchten.

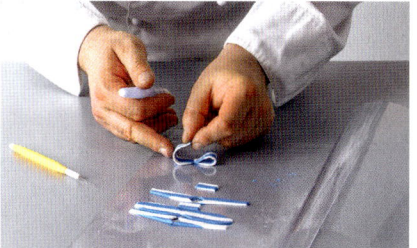
09 Schleifen zusammenlegen.

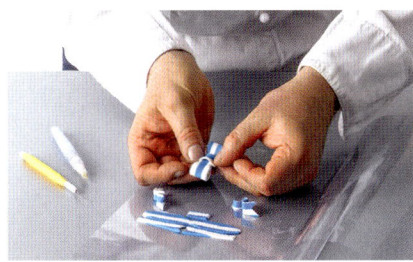
10 Schleife mit den restlichen ausgestochenen Bestandteilen zusammenbauen.

HÄNGEDEKORE

› weiße Modelliermasse
› getrockneter Thymian
› Modelliermasse in Weiß, Schwarz und Dunkel- sowie Hellbraun
› braune und weiße Garnierschokolade

Dirndl und Lederhose wie auf Seite 132 beschrieben, nur ohne die Kekse, herstellen.

Für die Weißwürste Modelliermasse mit etwas getrocknetem Thymian verkneten und 2 gleich große Würste modellieren. Dann Gesichter mit Mund, Nase und Augen einmodellieren aus weißem und schwarzem Rollfondant die Augen einfügen.

Für die Brezeln braune Modelliermasse zuerst zu einer Kugel, dann zu einer an beiden Enden spitz zulaufenden Schlange rollen. Diese wie eine Brezel schlingen und am dicken Rücken flach drücken und hellbraune Modelliermasse zu einer kleinen Schlange modellieren. Diese dann auf den flachgedrückten Teil aufkleben und mit Modelliernadeln leicht aufreißen, sodass es wie ein Ausbund einer echten Brezel aussieht. Mit Garnierschokolade das aufgestreute Salz imitieren.

! **ACHTUNG** Alle Dekore müssen zum Befestigen absolut trocken sein, sonst kann es Probleme beim Fixieren mit dem Dekorband geben. Die unterste Torte auf dem Ständer platzieren und den Mittelteil ausstechen. Dann den Metallabstandshalter verschrauben und mit dem Baumkuchenstück verkleiden. Dann die nächste Platte aufschrauben, die Löcher in der Platte auf die richtige Position bringen und Dekorbänder durchziehen. Diese Dekorbänder an den Dekoelementen festknoten und so verkürzen, dass die Dekore hängen können. Die Hängedekore und die Schleifen am besten erst vor Ort anbringen.

TANZENDES TRACHTENBRAUTPAAR

› Modelliermasse in Grün, Hautfarben, Weiß, Rosa, Dunkelbraun, Hellbraun, Rot, Blau
› Metallicfarbe in Grün
› weiße Eiweißglasur

Zuerst einen 40 cm langen und 1 cm dicken Holzstab mit doppelseitigem Klebeband umkleben. Diesen anschließend zusätzlich mit weißem Band umwickeln.

Grüne Modelliermasse 1 mm dick ausrollen und mit einem Blatt-Ausstecher etwa 150 Blätter ausstechen und diese mit CMC-Kleber schuppenartig an einen Styroporring ankleben. Dabei am besten in 2 Schritten arbeiten und über Nacht erst die obere Hälfte und dann, sobald getrocknet, die untere Hälfte fertigstellen. Den Ring anschließend mit grüner Metallicfarbe airbrushen und durchtrocknen lassen. Mit Dekorbändern an der umwickelten Holzstange herabhängend befestigen.

Für die angewinkelten Arme und Beine 15 cm langen, etwas stärkeren Blumendraht auf die entsprechende Länge zurechtschneiden, anschließend zuerst hautfarbene Modelliermasse zu einer Kugel und dann zu Beinen und Armen modellieren. Diese mit dem mit CMC-Kleber befeuchteten Draht der Länge nach durchstoßen und im gewünschten Winkel zurechtbiegen. Dellen sofort herausmodellieren. Bei den Füßen der Braut daran denken, dass ein Teil davon sichtbar ist. Den geraden Teil der Beine nach dem Modellieren zuerst mit Blumendraht durchstoßen, dann einen mit CMC-Kleber befeuchteten Holz-Schaschlikspieß einstechen. Diese Elemente auf ein Styroporstück stecken und komplett durchtrocknen lassen. Überschüssige Spieße und Drahtenden nicht entfernen. Für die Arme ebenso verfahren und in einem Stück die Hände herausmodellieren.

Für die Oberkörper inklusive Hals hautfarbene Modelliermasse nicht zu kräftig modellieren, da diese noch eingekleidet werden müssen. Bei der Braut eine schmale Hüfte und den Busen herausarbeiten. Dieses Stück auf die fertigen Beine aufstecken. Für das Hemd des Bräutigams weiße Modelliermasse dünn ausrollen und mit einer Stoffmusterfolie prägen. Den Oberkörper damit einwickeln, wie ein Hemd zurechtschneiden und mit kleinen weißen Knopfpunkten versehen. Das Oberteil der Braut aus rosa Modelliermasse zurechtschneiden und anpassen.

Die hautfarbenen Oberarme soweit kürzen, dass die Hemdsärmel des Mannes in der gleichen Technik modelliert und angebracht werden können. Bei der Frau aus weißer Modelliermasse die Puffärmel modellieren und an den Armen ansetzen. Dann den Oberkörper auf Höhe der Schultern, dort wo die Arme angebracht werden sollen, mit Blumendraht durchstoßen und die Drähte soweit kürzen, dass sie beim Durchstoßen nicht auf der gegenüberliegenden Seite durchstechen, aber trotzdem zur Stabilisierung der Figuren beitragen.

Alles mit Drähten fixieren, sodass die Figuren in der gewünschten Position trocknen können.

Anschließend dunkelbraune Modelliermasse dünn ausrollen und die Lederhose zurechtschneiden und mit hellbraunen Dekorelementen verzieren. Hier habe ich einen speziellen Blütenausstecher verwendet und zu einzelnen Elementen zerlegt. Mithilfe eines Extruders aus dunkelbrauner Modelliermasse die Hosenträgerbänder pressen und anbringen. Dann mit einem ovalen Ausstecher das Brustteil ausstechen und ebenfalls anbringen. Mit Rot und einer Silikonform 2 Herzen formen und eines davon auf dem Brustteil fixieren.

Die Socken des Bräutigams aus hellbrauner Modelliermasse und die Schuhe aus dunkelbrauner modellieren. Durch die Spieße stoßen und mit CMC-Kleber fixieren, dann mit weißer Eiweißglasur die Schnürsenkel aufgarnieren.

Aus hautfarbener Modelliermasse die Köpfe herstellen, schwarze Punkte als Augen aufbringen. Ohren nicht vergessen und in der jeweiligen Haarfarbe des echten Brautpaars die Frisur modellieren und anbringen.

Die Köpfe auf die Hälse stecken und ein blau-weiß marmoriertes Halsband für den Mann und aus weißer Modelliermasse die Rüschen an den Ärmeln und im Brustbereich des Dirndls modellieren und anbringen.

Für den Rock der Frau rosa Modelliermasse dünn ausrollen und zu 6 Rechtecken in einer Länge von der Hüfte über die Knie schneiden. Diese an einer Seite zusammenwellen und gerade schneiden. Diese Elemente an der Hüfte der Frau überlappend und mit dünnem Schaumstoff ausgestopft, sodass es luftig aussieht, ankleben. Nachdem der Rock stabil ist, den Schaumstoff entfernen.

Mit dünn ausgerollter weißer Modelliermasse die Schürze und das Schleifenelement zurechtschneiden und die Schuhe mit den Absätzen modellieren. Mit Eiweißglasur die Rüschen des Kleides und die Schuhe ausgarnieren. Das zweite rote Herz am Dirndl anbringen.

Sobald alles getrocknet ist, die Drähte und Holzspieße je nach Fixierungsvariante zurechtschneiden.

Die Figuren können zum Befestigen direkt in die Torte gesteckt werden. Ich empfehle allerdings zum besseren Handling, die Figuren und den Maibaum auf einer nicht zu dünnen Zuckerplatte zu fixieren. Die Hände sollten sich am Maibaum festhalten, so hat das Paar einen etwas sichereren Stand. Um den Übergang eine kleine weiße Perlenkette modellieren und anbringen.

Bayernreise

REZEPT

HAFER-SAUERRAHM-KEKSE

› 60 g heller Rohrzucker
› Mark von 1 Vanilleschote
› 3 g Meersalz
› 150 g Sauerrahm
› 150 g Butter
› 200 g Mehl, Type 550
› 100 g Haferflocken, im Mixer pulverisiert

Rohrzucker, Vanillemark, Meersalz, Sauerrahm und Butter zu einer glatten Masse verkneten. Das Mehl sieben, mit den Haferflocken mischen und kurz unter die Buttermasse kneten. In Folie gewickelt für 1 Stunde im Kühlschrank kalt stellen.

Den Teig mit etwas Mehl etwa 3 mm stark ausrollen, ausstechen und auf mit Backpapier belegte Bleche setzen. Bei 170 °C etwa 20 Minuten backen und vollständig auskühlen lassen.

FÜR ETWA 50 KEKSE

 VERWENDETE FORMEN UND UTENSILIEN

› Ausstecher „Dirndl und Lederhose" (z.B. von Städter)
› ovale und herzförmige Ausstecher
› gezackter Rollschneider
› Extruder
› Rollholz
› Backpapier

DEKOR

› Rollfondant in Dunkel- und Hellbraun, Weiß, Rosa und Rot
› Eiweißglasur in Hellbraun, Weiß und Blau

Dunkelbraunen und rosafarbenen Rollfondant etwa 1 mm stark ausrollen. Dann braune Lederhosen und rosafarbene Dirndl ausstechen und mit etwas Kuvertüre auf den Keksen befestigen. Mit dem 1 mm stark ausgerollten hellbraunen Rollfondant ein Herz und je 2 kleine ovale Eingriffe ausstechen, mit etwas Wasser auf der Hose fixieren. Weißen Rollfondant ebenfalls etwa 1 mm stark ausrollen und mit dem Ausstecher die Schürzen ausstechen. Auf den Dirndl-Keksen fixieren, dann mit dem gezackten Rollschneider ein 1,5 cm langes und 5 mm breites Band ausschneiden und mit einem Modellierholz mit leichtem Druck am Ausschnitt befestigen, sodass die Kanten nach oben stehen. Ein weißes Oval für die blauweiße Bayernflagge auf der Lederhose ausstechen und zwischen den Hosenträgern fixieren. Mit Rot Mini-Herzen ausstechen und an jeweils der rechten unteren Ecke von Dirndl und Lederhosen fixieren. Aus rosafarbenem Rollfondant und mithilfe des Extruders einen Faden pressen und eine Schleife auf die Dirndl aufbringen. Mit weißer Eiweißglasur kleine Punkte auf Ärmel, Ausschnitt und der Rüsche garnieren. Die Lederhose auf den vom Ausstecher vorgegebenen Linien mit hellbrauner Eiweißglasur in feinen Linien nachgarnieren, außerdem eine Punktgarnierung um das hellbraune Herz und das weiße Oval garnieren. Rechts und links des Herzens je einen Punkt und unten links ein barockes Element aufgarnieren. Mit der blauen Eiweißglasur kleine Rauten auf das weiße Oval garnieren, sodass eine bayerische Flagge entsteht.

Barockherz

REZEPT

LEBKUCHENTEIG

- 160 g Honig
- 120 g Zucker
- 25 g Wasser
- 11 g Lebkuchengewürz
- 200 g Weizenmehl
- 200 g Roggenmehl
- 30 g Ei
- 10 g Zucker
- 6 g ABC-Trieb (Hirschhornsalz)
- 40 g Milch
- 4 g Pottasche
- 10 g Wasser

Honig mit Zucker und Wasser in einem Topf auf etwa 60 °C erwärmen, bis alle Zuckerkristalle aufgelöst sind. Dann das Lebkuchengewürz, Weizenmehl sowie Roggenmehl zugeben, alles vermischen und abkühlen lassen. Ei mit Zucker schaumig schlagen, das Hirschhornsalz mit der Milch vermischen. Pottasche und Wasser vermischen.

Alles nacheinander zum Teig geben und einen Tag ruhen lassen.

Mithilfe eines Rollholzes 3 mm stark ausrollen, stupfen und mit einem Herzausstecher ausstechen. Auf ein mit Backpapier belegtes Blech legen. Die Teigreste bis auf den letzten Rest verarbeiten. Die Herzen bei 190 °C etwa 20 Minuten backen. Auf ein Gitter legen und vollständig auskühlen lassen.

FÜR ETWA 35 LEBKUCHEN

VERWENDETE FORMEN UND UTENSILIEN

- Ausstecher „Herz"
- Schablone „Barock"
- Sterntülle

ÜBERZUG

- weißer Rollfondant, etwa 1,5 kg

DEKOR

- rote Eiweißglasur
- dunkle Kuvertüre
- goldenes Metallicpulver

Weißen Rollfondant 2 mm dick ausrollen und zu Quadraten schneiden, die etwa 1 cm größer sind als der Herzausstecher. Die Schablone auf jedes Quadrat auflegen und mit roter Eiweißglasur das Muster aufstreichen. Die Schablone abziehen, erneut herzförmig ausstechen und noch weich auf dem Lebkuchen fixieren. Mit temperierter, angestockter dunkler Kuvertüre und einer Sterntülle ein Tatzenmuster um den Lebkuchen garnieren. Sobald die Kuvertüre angestockt und die Glasur angetrocknet ist, mit etwas goldenem Metallicpulver abpudern.

Glückskäfer

Manch einem mag der „Marienkäfer-Style" der Torte etwas zu kitschig sein. In unserer Konditorei allerdings sind die lustigen Figuren der Renner. Denn die kleinen roten Tierchen mit den schwarzen Punkten gelten als Glücksbringer – und wer kann das als Ehepaar nicht gebrauchen?

FÜR 50-60 PERSONEN

TORTE

3 Torten
je 5 cm Höhe
Ø 22 cm, 26 cm, 30 cm

EMPFOHLENE TORTEN

Stabile Cremetorten (siehe Seite 246 bis 251)

Ohne den Zuckerdekor können auch leichte Mousse- und Sahnetorten (siehe Seite 252 bis 255) verwendet werden. Sie müssen jedoch mit Rollfondant eingedeckt sein.

ÜBERZUG

› weißer Rollfondant, etwa 4-5 kg

VERWENDETE FORMEN UND UTENSILIEN

› Ausstecher „Moderne Miniblüten"
› Ausstecher „Kleeblätter"
› Für das Brautpaar: runden Ausstechersatz, Schokoladenform für Eier, Extruder, verschiedene Modellierhölzer

DEKOR

- Eiweißglasur in Rot und Schwarz für Mini-Marienkäfer und Gelb für die Blüten
- Miniperlen in Gelbgold
- Rollfondant gemischt mit CMC-Kleber:
  - Grün in zwei verschiedenen Farbabstufungen für das Gras und den Klee und die Miniblätter für den Zylinder
  - Rosa für die Gesichter und die Blüten
  - Lila für die Blüten
  - Braun für Körper, Augen, Schnürsenkel, Fliege und Bank
  - Schwarz für Arme, Beine, Haare, Zylinder, Fühler und Punkte auf Flügel, außerdem Augenpunkte
  - Weiß für Schleier und Perlenkette
  - Rot für Miniröschen, Herz und Flügel

 WICHTIG! Die feinen Dekore und besonders das Brautpaar auf der Bank sollten einige Tage im Voraus hergestellt werden.

Zuerst die Torte mit weißem Rollfondant mit weicher Kante eindecken (siehe Seite 260). Dann den helleren Grünton 1 mm stark ausrollen und Bänder von 6,7 cm und 8 cm Höhe schneiden. Aus diesen Bändern mit einem Rollschneider leicht gebogene, spitz zulaufende Grashalme zuschneiden. Die Grashalme mit einem Wasserpinsel von einer Seite befeuchten und so anbringen, dass es willkürlich aussieht. Dabei manche Spitzen spitz nach oben stehen lassen und manche in einer Schlaufe nach unten legen. Je Farbe werden pro Torte mindestens 300 Grashalme benötigt.

Beim dunkleren Farbton auf die gleiche Weise verfahren und die Halme auf den helleren Ring setzen. Aus diesem dunkleren Farbton außerdem etwa 40 Kleeblätter ausstechen. Für das vierblättrige Kleeblatt auf dem Brautpaar möglichst unauffällig ein zusätzliches Blatt an einem der dreiblättrigen Kleeblätter anbringen, sodass nicht auffällt, dass es zusammengebaut wurde. Aus roter Modelliermasse ein Mini-Herz modellieren oder ausstechen und in der Mitte des vierblättrigen Kleeblatts befestigen. Die restlichen Kleeblätter teilweise leicht verdrehen oder in Mini-Silikonförmchen legen und trocknen lassen. Mit etwas Eiweißglasur unregelmäßig an der Torte befestigen.

Für die Blüten rosa- und lilafarbenen Rollfondant 1 mm dünn ausrollen und mit den Miniblüten-Ausstechern je Farbe etwa 35 Stück ausstechen. In Mini-Silikonhalbkugeln legen und trocknen lassen. Mit ein wenig gelber Eiweißglasur einen kleinen Punkt aufgarnieren und mit gelbgoldenen Miniperlen abstreuen. Sobald die Blüten stabil sind, überschüssige Perlen abschütteln. Mit etwas Eiweißglasur unregelmäßig an der Torte befestigen.

Für die Mini-Junikäfer zunächst mit roter Eiweißglasur etwa 20 einen cm große Tupfen in Form von Halbkugeln auf Backpapier garnieren. Dann mit schwarzer Eiweißglasur den Kopf in Stecknadelgröße angarnieren. Eine mittige Linie und auf jede Seite der Flügel zusätzlich 2 Punkte auf den roten Körper garnieren. Sobald die Käfer fest geworden sind, mit etwas Eiweißglasur unregelmäßig an der Torte befestigen.

Für die Bank braunen Rollfondant etwa 3 mm stark ausrollen und ein 4 cm x 10 cm und ein 2 cm x 10 cm großes Rechteck schneiden. Das 4 cm breite in 4 und das 2 cm breite in 2 Bretter unterteilen. Die einzelnen Bretter in Holzoptik markieren und sehr gut durchtrocknen lassen. Für die Unterkonstruktion erneut braunen Rollfondant 3 mm stark ausrollen und in zwei Rechtecke von 6 cm x 8 cm schneiden. Die Rechtecke wie folgt zuschneiden: mit einem Ausstecher mit 4 cm Durchmesser von der 6 cm langen Seite her einen Halbmond ausstechen und über dem Halbmond etwa 1 cm Platz lassen und von links nach rechts 4 cm tief einschneiden. Von diesem Schnittpunkt so schräg nach oben abschneiden, dass nur noch 1 cm Oberkante übrig bleibt. Mit dem zweiten Rechteck genauso verfahren und gut trocknen lassen.

Sobald die Teile durchgetrocknet sind, mit Eiweißglasur und mithilfe von Styroporunterbauten die Bank, wie auf dem Bild zu sehen, zusammenbauen.

Für das Brautpaar zuerst die Köpfe modellieren (siehe Seite 137). Dabei darauf achten, dass die Augen sich anschauen. Wer unsicher ist, kann dies auch erst beenden, wenn die Köpfe auf den Körpern sitzen.

BAYRISCH VERSPIELT

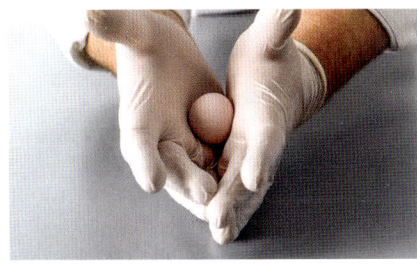

01 Rosa Rollfondant zuerst zu einer Kugel, dann zu einem leichten Oval modellieren.

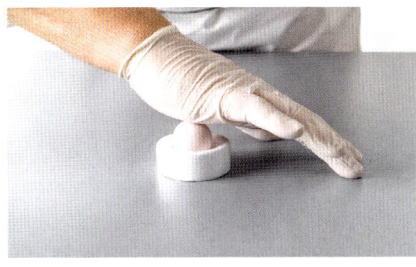

02 Kopf in eine Styroporschale für Blüten legen, so bleibt er rund.

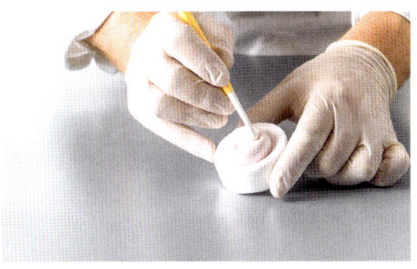

03 Augen mit dem Kugelmodellierholz eindrücken.

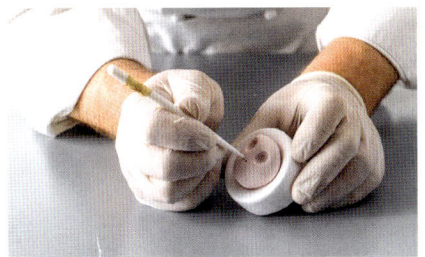

04 Nasenlöcher mit dem Spitzmodellierholz eindrücken.

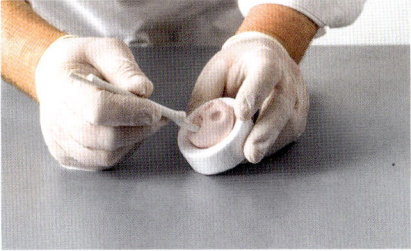

05 Mund mit dem Halbrundmodellierholz eindrücken.

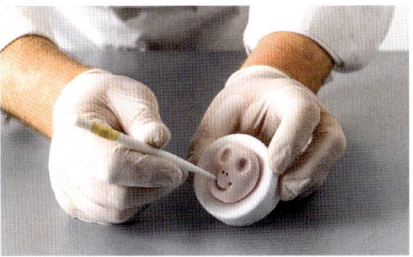

06 In die Mundwinkel mit dem Spitzmodellierholz kleine Löcher eindrücken.

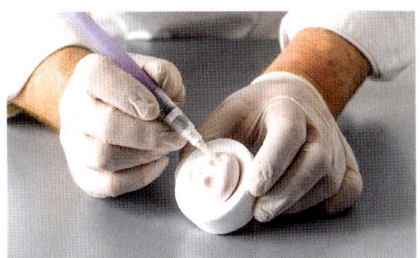

07 Mit dem Wasserpinsel die Augenhöhlen leicht befeuchten.

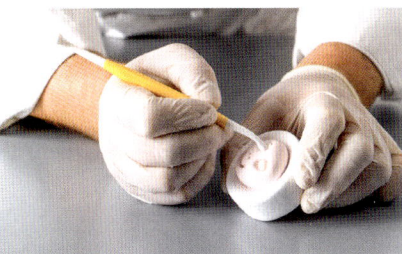

08 Mit weißem Rollfondant kleine Augen modellieren und einsetzen, dann mit dem Kugelmodellierholz leicht eindrücken.

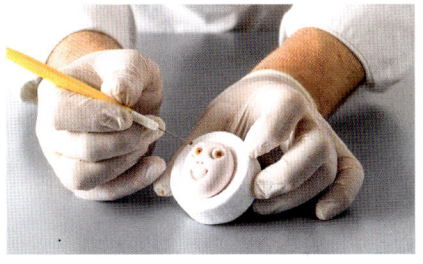

09 Mit verschiedenen Brauntönen die Pupillen aufmodellieren.

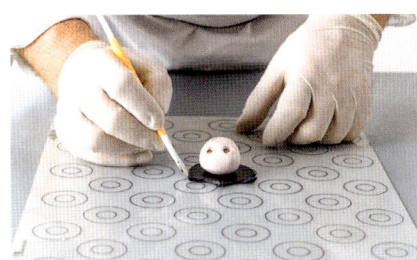

10 Aus schwarzem Rollfondant eine dünne Haarplatte zurechtschneiden und leicht befeuchtet auf dem Kopf anmodellieren.

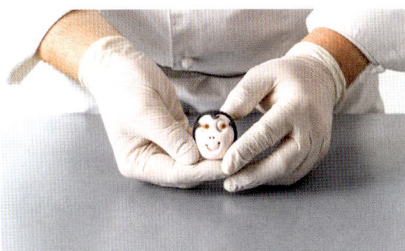

11 Fertiger Kopf mit Haarplatte.

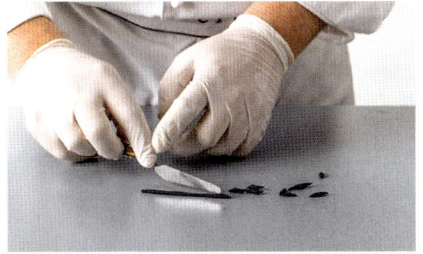

12 Schwarzen Rollfondant zu einer dünnen Rolle modellieren und diagonal schneiden.

13 Die Enden dünn zumodellieren.

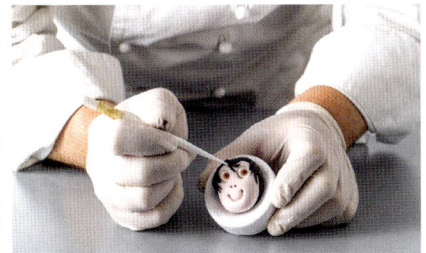

14 Am Kopf als zusätzliche Haare anbringen.

Für die Körper mit dunkler Kuvertüre je Käfer zuerst ein 10 cm großes halbes Ei gießen. Dabei auch die Vorderseite verschließen. Dieses mit brauner Modelliermasse in etwa 5 mm Stärke eindecken, die Vorderseite sollte leicht bauchig werden. Verwenden Sie zum Befestigen am besten CMC-Kleber. Dann mit dem Rücken eines großen runden Ausstechers Markierungen auf dem Bauch (der flachen Innenseite des Halbeis) anbringen. Trocknen lassen.

Rote Modelliermasse 1-2 mm dünn ausrollen und mit einem runden Ausstecher 4 Kreise ausstechen. Diese mit einem Rollmesser so zurechtschneiden, dass je 2 davon als Flügel auf die Eiform passen. Trocknen lassen. Anschließend schwarzen Rollfondant extradünn ausrollen und je Flügel 4 Kreise mit 1 cm Durchmesser ausstechen und mit Kleber fixieren. Dabei darauf achten, dass die Punkte gleichmäßig spiegelverkehrt auf den beiden Flügeln verteilt sind.

Aus schwarzem Rollfondant die Beine etwa 8 cm lang modellieren, dabei darauf achten, dass die Beine der Braut etwas dünner sind als die des Bräutigams. Die Schuhe birnenförmig modellieren, an der schmaleren Seite flach drücken und mit einem Messerrücken den Absatz anzeichnen. Die Schuhe vor der Bank platzieren und mit etwas CMC-Kleber die Beine auf Schuhen und Bank fixieren. Mithilfe eines Extruders aus hellbraunem Rollfondant Fäden pressen und Schleifen für die Schuhe modellieren, dann daran anbringen. Die fertigen Körper auf den Beinen fixieren.

Die Arme etwa 6 cm lang modellieren. Passend dazu die Hände herausmodellieren. Die Arme und Hände fixieren und auf dem Rücken die getrockneten roten Flügel anbringen.

Als Letztes werden die Köpfe fixiert: Für den Bräutigam eine hellbraune Schleife fertigen und anbringen. Außerdem einen Zylinder modellieren, indem man schwarzen Rollfondant auf 2 mm Stärke ausrollt und einen Kreis mit 3 cm Durchmesser aussticht. Aus schwarz eine Kugel modellieren, diese flach rollen und an beiden Enden eindrücken, bis ein Zylinder entsteht. Diesen leicht konisch zurollen und in der Mitte zweimal quer leicht einkerben, dann etwas einknicken - so bekommt der Zylinder mehr Bewegung. Die schmale Seite auf den Kreis setzen und mit einer Mini-Rose und Mini-Blättern verzieren. Dann auf den Kopf des Bräutigams setzen. Gegebenenfalls noch einige Haare anmodellieren.

Bei der Braut den Kopf auf dem Körper fixieren und mit weißer Modelliermasse eine Perlenkette um den Hals modellieren. (Besonders schön sieht es aus, wenn die Perlen mit perlmuttfarbenem Metallicpulver angestaubt werden.)

Für den Schleier die weiße Modelliermasse maximal 1 mm stark ausrollen und zu einem etwa 15 cm langen und an der Unterseite etwa 7 cm breiten Dreieck zuschneiden. Die Spitze auf dem Kopf fixieren und den Schleier leicht gewellt am Rücken auf die Bank nach vorne fallen lassen. Mit etwas Kleber fixieren. Aus Weiß ein kleines Oval modellieren, eine kleine Rüsche für den Kopf herausarbeiten und auf die Spitze des Schleiers setzen.

Dann für beide Köpfe aus Schwarz die Fühler modellieren. Nach Belieben kann man auch gerne mit schwarzen Spaghetti arbeiten.

Für den Brautstrauß aus hellgrünem Rollfondant mithilfe eines Extruders die Stiele pressen und mit einer Schere zusammenmodellieren. Auf den Knien des Paares fixieren und das vorbereitete vierblättrige Kleeblatt anbringen.

 TIPP Auf einer passenden Bodenplatte aus Isomalt ist das Brautpaar auch ein hübsches Souvenir, es minimiert außerdem die Gefahr des Einsinkens in die Torte.

Marienkäfer

REZEPTE

HIMBEER-MANGO-TRÜFFEL MIT BALSAMICOKARAMELL

VORBEREITUNG DER FORMEN

› dunkle Kuvertüre

Zur Vorbereitung der Formen mit leicht angestockter dunkler Kuvertüre in der Mitte jeder Halbkugel eine feine Linie und 4 Punkte garnieren. Sobald die Kuvertüre angezogen ist, die Formen mit temperierter rot gefärbter Kuvertüre ausgießen.

BALSAMICOKARAMELL

› 160 g Zucker
› 80 g Balsamico

Zucker zu Karamell schmelzen, den Balsamico leicht anwärmen und den Karamell damit ablöschen – nicht mehr aufkochen, sonst wird er bitter. Balsamicokaramell abkühlen lassen und je einen Tupfen in die ausgegossenen Formen geben.

HIMBEERGANACHE

› 40 g Glukose
› 150 g Himbeerpüree (von Boiron)
› 200 g gehackte Vollmilchkuvertüre, mind. 40% Kakaoanteil
› 100 g gehackte dunkle Kuvertüre, mind. 66% Kakaoanteil
› 50 g Butter
› 30 g Waldhimbeerbrand (40 Vol.-%)

FÜR ETWA 120 PRALINEN

VERWENDETE FORMEN UND UTENSILIEN

› Halbkugelpralinenformen

ÜBERZUG

› rot eingefärbte weiße Kuvertüre

MANGOGANACHE

› 40 g Glukose
› 150 g Mangopüree (von Boiron)
› 200 g gehackte Vollmilchkuvertüre
› 100 g gehackte dunkle Kuvertüre
› 50 g Butter
› 30 g Rum

Glukose mit Fruchtpüree aufkochen. Gut durchmixen, beide Kuvertüren unterrühren und zu einer glatten Ganache verarbeiten. Bei 30 °C die Butter untermixen, dann die jeweilige Spirituose. Die Ganaches je zur Hälfte in die vorbereiteten Formen füllen, über Nacht auskristallisieren lassen, dann die Unterseite dünn mit dunkler Kuvertüre verschließen.

DEKOR

› dunkle Kuvertüre
› weiße und braune Garnierschokolade

Pralinen ausformen und den Kopf mit angestockter temperierter Kuvertüre an die Halbkugeln garnieren. Sobald die Kuvertüre stabil ist, Augen mit Garnierschokolade aufbringen.

Baileys-Kleeblätter

REZEPTE

BAILEYS-MATCHATEE-PRALINE

VORBEREITUNG DER FORMEN

- 180 g weiße Kuvertüre
- Matcha-Grünteepulver

Temperierte weiße Kuvertüre mit Matcha-Teepulver einfärben und mithilfe eines Garniertütchens das Kleeblattmuster dünn in der Form auslassen. Sobald die Kuvertüre erstarrt ist, mit temperierter weißer Kuvertüre dünn auswanden.

BAILEYSGANACHE

- 260 g Vollmilchkuvertüre
- 200 g Baileys-Likör
- 25 g Glukosesirup
- 40 g Butter

Für die Ganache die Kuvertüre auf etwa 40 °C erwärmen. Dann mit Likör und Glukosesirup blasenfrei glatt mixen, anschließend die Butter untermixen.

- zusätzlich etwa 540 g weiße Kuvertüre

Die Masse bis 1 mm unter die Kante in die vorbereiteten Pralinenformen füllen und für mindestens 4 Stunden verhauten lassen. Dann mit temperierter weißer Kuvertüre verschließen. Sobald sie stabil sind, ausformen, die Oberfläche leicht mit Lebensmittellack ablacken und mit grünem Glitzerpulver abstauben.

FÜR ETWA 60 PRALINEN

VERWENDETE FORMEN
- Pralinenformen „Kleeblatt"

ÜBERZUG
- weiße Kuvertüre

DEKOR
- grünes Glitzerpulver

Würmchen

REZEPT

MODELLIERMARZIPAN

› 1000 g Marzipanrohmasse
› 35 g Glukosesirup
› 35 g Sorbitol
› 600 g Puderzucker

Alle Zutaten miteinander zu einer glatten Masse verkneten und in Frischhaltefolie verpackt kühl lagern.

 TIPP Falls Ihr Marzipan zu viel Feuchtigkeit hat, einfach die Sorbitolmenge reduzieren.

 VERWENDETE FORMEN UND UTENSILIEN

› Modellierholz
› Blütenausstecher
› Lollystäbe
› CMC-Kleber

DEKOR

› Airbrushfarbe in Gelb, Grün und Rot
› Airbrush und grober Pinsel
› Rollfondant in Rosa, Weiß, Schwarz und Gelb
› Kakaobutter

Marzipan zu Kugeln von 35 g rollen. Dann mit dem Handballen leicht spitz zumodellieren und mit dem Modellierholz an Ober- und Unterseite eine sternförmige, für Äpfel typische Vertiefung einmodellieren. Dieses Äpfelchen dann mit einem Lollystab von oben aufspießen und über Nacht auf Backpapier trocknen lassen. Anschließend mit dem Airbrush den Apfel zuerst mit gelb, dann an den Enden leicht grün airbrushen und mit einem groben Pinsel die rote Farbe an den Seiten aufbringen. Wichtig dabei ist, dass der Pinsel fast trocken ist.

Für das Würmchenpaar den rosa Rollfondant zu 3 mm starken und 1 cm langen Stäbchen modellieren und mit einem Modellierholz die für einen Wurm typischen Vertiefungen einkerben, dann leicht biegen. Für den Kopf erneut rosa Rollfondant zu einer Kugel modellieren und mit dem Mundwerkzeug einen Mund einmodellieren. Mit einem Stab die Augen und Vertiefungen am Mundwinkel eindrücken. Die Würmchen mit CMC-Kleber auf dem Apfel fixieren. Aus weißem Rollfondant den Schleier und eine Rüsche ausrollen und am Brautwürmchen fixieren. Aus schwarzem Rollfondant einen Zylinder modellieren und auf dem Bräutigam fixieren. Mit Mini-Blütenausstechern je Apfel 2 Blüten ausstechen und mit dem Kugelmodellierholz in der Mitte vertiefen. Aus gelbem Rollfondant eine Minikugel einsetzen und am Fuß der Würmchen fixieren. Zur besseren Haltbarkeit mit Kakaobutter absprühen.

Torte **FLORAL ROSÉ**

Torte **BLÜTENKRONE**

Diese überschwänglichen Torten, allesamt mit Frischblumen, sind einfach prächtig. Auf den ersten Blick ist kaum zu glauben, dass die Blumen wirklich frisch und die Torten essbar sind. Aber durch Zwischenetagen sind diese Kunstwerke wirklich machbar und können problemlos gegessen werden. Durch die Wahl der Blüten kann der Stil der Torte sehr unterschiedlich gestaltet werden.

Make it green

„Grün, grün grün ist alles was ich habe …" – gewiss kennen Sie das gute alte Kinderlied. Ich finde, diese Torte strahlt in ihrer farbigen Reduziertheit eine unwahrscheinliche Frische, Ruhe und Eleganz aus. Und da Grün für die Hoffnung steht, ist die Aussage für eine Hochzeit ja auch ganz passend.

FÜR ETWA 50 PERSONEN

TORTE

3 Torten
je 5 cm hoch
Ø 20 cm, 26 cm, 32 cm

EMPFOHLENE TORTEN

Stabile Cremetorten (siehe Seite 246 bis 251), aber auch leichte Mousse- und Sahnetorten (siehe Seite 252 bis 255)

ÜBERZUG

› weißer Rollfondant, etwa 4-5 kg

VERWENDETE FORMEN UND UTENSILIEN

› Rautenmustervorlage (z.B. von Wilton)
› CMC-Kleber
› Wasserpinsel/Schminkpinsel
› Silikon-Bordürenmodel „Barock"

STÄNDER

› Etagere Fresh Classic 4 (von Müller-Dekor)

VERWENDETE BLUMEN

Grüne Margheriten, Chrysanthemen, Nelken, Dill, grüne Anthurie, Hortensie, Papsteier, Kapgrün, Farne, verschiedene Blätter

DEKOR

› grüne Metallicperlen
› Perlmutt-Metallicfarbe in Grün
› weißer Rollfondant

Torten gut gekühlt mit weicher Kante eindecken (siehe Seite 260) und mithilfe der Rautenvorlage ein Muster aufbringen. Metallicperlen mithilfe von CMC-Kleber sowie einem Wasserpinsel an den Kreuzpunkten der Rauten aufbringen.

Barockbordürenmodel aus Silikon mit grüner Perlmutt-Metallicfarbe auspudern, dann weißen Rollfondant zu einer dünnen Rolle formen und eindrücken. Nach dem Ausformen mit einem Schminkpinsel abpolieren und mit CMC-Kleber am Tortenrand befestigen.

Den Ständer mit den gut gewässerten Steckmoos-Elementen erst vor Ort zusammenbauen. Beim Stecken der Blumen darauf achten, dass das Steckmoos gut verdeckt ist. Sicher gibt es Muster und Vorlagen zum Stecken der Blumen, allerdings lasse ich mich gerne von der Location und den zur Verfügung stehenden Blumen inspirieren.

01 2 Möglichkeiten zum Aufbringen von Rautenmustern: 1. Mithilfe eines Rautenstencils (schwarz), 2. Mit Relieffolie (transparent).

02 Einfach die Folie auflegen und mit einem Rollholz oder direkt an einer Torte mit einem Tortenglätter anpressen.

03 Folie vorsichtig entfernen.

04 Den Stencil (schwarz) vorsichtig anlegen und gleichmäßig anpressen.

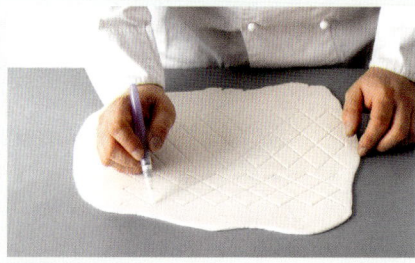

05 Mit einem Wasserpinsel oder mit etwas Eiweißglasur die Kreuzpunkte anfeuchten.

06 Mit einer Pinzette die Perlen auf den Kreuzpunkten fixieren.

Torten mit Frischblumen

Frischblumen waren in unserer Konditorei lange Zeit kein Thema. Dies hatte verschiedene Gründe: Sie können bei falscher Handhabung gesundheitlich bedenklich sein, denn es gibt zum einen Blumen, die von Haus aus giftig sind, wie zum Beispiel Maiglöckchen oder aber Blumen, die mit Insektiziden etc. behandelt wurden. Zum anderen können Insekten, die aus der Blume krabbeln auf die Torte gelangen.

Man muss sich zunächst selbst klar werden, ob man mit diesen Risiken leben möchte – manchmal kommen auch Kunden auf Ideen, die man nicht immer unterstützen kann, dies muss unbedingt vorab in einem Beratungsgespräch geklärt werden. Auf mögliche Risiken sollte also immer aufmerksam gemacht und am besten schriftlich festgehalten werden, um im Nachhinein nicht belangt werden zu können.

Allen Bedenken zum Trotz haben wir uns dann doch entschieden, Torten mit Frischblumen in unsere Angebotspalette aufzunehmen, denn sie haben tatsächlich auch einige wunderbare Pluspunkte:

Nicht nur, dass sie besonders beeindruckend aussehen und natürlich perfekt zum Gesamtbild mit Brautstrauß und Tischdekoration passen, nein, sie haben für uns als Konditoren einen klaren Vorteil: in Sachen Herstellkosten und Aufwand sind sie relativ günstig, da ja nur die Torte hergestellt werden muss und kein aufwendiges Dekor – somit ist keine große handwerkliche Kunst erforderlich. Verschweigen sollte man allerdings nicht, dass die benötigte Menge an Blumen erheblich sein kann und häufig mehrere Hundert Euro kostet. Die Herstellung der Blumengestecke sowie die dafür anfallenden Kosten kann man natürlich an den Floristen weitergeben.

In Sachen Ständer für Torten mit Frischblumen sind für mich die Etageren von Müller-Dekor die einzig wahren. Bei diesen werden die Blumen in einem separaten Steckmoos befestigt, was die Blumen nicht nur frisch, sondern auch in ausreichendem Abstand zu den Torten hält. Im englischsprachigen Raum ist es häufig so, dass direkt auf die Torte ein Wulst aus Marzipan oder Rollfondant gelegt wird, der als „Steckmoos" verwendet wird. Dies ist für mich allerdings hygienisch grenzwertig. Es gibt auch kleine Plastikeinsätze, die mit einer Blume bestückt direkt in die Torte gesteckt werden können. Eine weitere Alternative ist eine Platte aus Schokolade, auf der die Blumen arrangiert werden, so kommen sie ebenfalls nicht direkt mit der Torte in Kontakt.

IM FOLGENDEN EIN BEISPIELHAFTER TEXT FÜR EIN MÖGLICHES INFORMATIONSBLATT ODER EIN BERATUNGSGESPRÄCH:

Frische Blumen sind wundervolle Dekorationen an, auf und um Ihre Hochzeitstorte. Sollten Sie sich für einen Frischblumendekor entscheiden, sollten Sie beachten, dass der Blumenschmuck im besten Fall von Ihrem Floristen vor Ort, der auch für den Braut- und Tischschmuck zuständig ist, arrangiert wird, um eine perfekte Harmonie zu erreichen. Unsere Tortenpreise beinhalten keine Frischblumen, diese sind gesondert mit dem Floristen abzurechnen. Wir machen Sie zudem darauf aufmerksam, dass wir keine Gewährleistung für hygienische Unbedenklichkeit des Blumendekors gewähren. Als Teil unseres Services geben wir Ihrem Floristen selbstverständlich gerne Hilfestellung im Umgang mit der Torte.

Rosafarbene Blumen in einem Korb aus geflochtenem Marzipan – eine klassische und romantische Landhaushochzeitstorte.

FÜR ETWA 50 PERSONEN

 TORTE

3 Torten
je 5 cm hoch
Ø 20 cm, 26 cm, 32 cm

EMPFOHLENE TORTEN

Stabile Cremetorten (siehe Seite 246 bis 251), aber auch leichte Mousse- und Sahnetorten (siehe Seite 252 bis 255)

ÜBERZUG

› weißer Rollfondant oder Marzipan, etwa 4-5 kg (gefrostet mit weißer Sprühkuvertüre abgesprüht)

 VERWENDETE UTENSILIEN

› Rollholz mit Flechtmuster

 STÄNDER

› Etagere Fresh Classic 4 (von Müller-Dekor)

 VERWENDETE BLUMEN

Gerbera, Rosen, Chrysanthemen, Santinis, Bovantien, Rosa Schleierkraut, Nigella

DEKOR

› Modelliermarzipan
› Titandioxid
› Sprühkuvertüre

Torten gut gekühlt zweiteilig mit aufgerolltem Korbgeflechtmuster eindecken. Dafür zunächst das Marzipan mit Titandioxid einfärben und mit dem Rollholz auf etwa 3 mm Dicke ausrollen. Anschließend mit dem Flechtrollholz das Muster aufrollen. Für die Decke mithilfe eines Ringes in der Größe der Tortendurchmesser eine Scheibe ausstechen und vorsichtig auf die Torten übertragen. Für die Ränder Bänder von 6 cm Höhe aus dem gemusterten Marzipan schneiden und aufrollen. Anschließend entlang des Randes der Torten abrollen und mit einem gewellten Kneifer beide Marzipankanten zusammenbringen. Bei der Arbeit mit Marzipan den Kneifer zwischendurch öfters in Alkohol tauchen, damit er nicht kleben bleibt. Arbeitet man mit Rollfondant, den Kneifer in Stärkepuder tauchen.

Für die Unterkante einen Wulst von etwa 1 cm Höhe rollen und an der Torte fixieren. Auch diesen mit dem Kneifer in Form bringen. Die Torten leicht anfrieren und anschließend mit Sprühkuvertüre, die mit Titandioxid gefärbt wurde, leicht samtig absprühen.

Den Ständer mit den gut gewässerten Steckmoos-Elementen erst vor Ort zusammenbauen. Beim Stecken der Blumen darauf achten, dass das Steckmoos gut verdeckt ist. Sicher gibt es Muster und Vorlagen zum Stecken der Blumen, allerdings lasse ich mich gerne von der Location und den zur Verfügung stehenden Blumen inspirieren.

BLÜTENPRACHT

01 Modelliermarzipan dünn mit einem Rollholz ausrollen, dann mit einem Flechtrollholz die Korbstruktur gleichmäßig aufrollen.

02 Fertige Struktur.

03 Überschüssigen Puderzucker mit einem feinen Pinsel abpinseln.

04 Mit einem Ring in Tortengröße eine Scheibe ausstechen und aufrollen.

05 Vorsichtig auf der Torte ausrollen.

06 Modelliermarzipan zu einem Streifen in der Länge des Tortenumfangs ausrollen und mit dem Flechtholz erneut strukturieren.

07 An einer Seite begradigen.

08 Mit einem Lineal die Breite der Torte abmessen.

09 Zu einem geraden Band schneiden und als Rolle aufrollen.

10 Die Rolle vorsichtig an der Torte abrollen.

11 Mit einem Kneifer die obere Kante wellenförmig kneifen.

Blütenkrone

Natürlich geht es mir in erster Linie um Dekortechniken, aber diese Torte mag ich auch deshalb, weil sie mich an das russische Zarenreich erinnert: Rosen, Schleierkraut, kräftige Farben und ein Spitzendekor, der wie eine Krone aussieht. Die Tortengrößen aller Floraltorten sind gleich, aber bei dieser hier wurde einiges weniger an Blumen verwendet.

FÜR ETWA 50 PERSONEN

TORTE

3 Torten
je 5 cm hoch
Ø 20 cm, 26 cm, 32 cm

EMPFOHLENE TORTEN

Stabile Cremetorten (siehe Seite 246 bis 251), aber auch leichte Mousse- und Sahnetorten (siehe Seite 252 bis 255)

ÜBERZUG

› weißer Rollfondant, etwa 4–5 kg

VERWENDETE FORMEN UND UTENSILIEN

› verschiedene Spitzenmuster-Silikonmatten
› Reliefmuster-Dekormatte

STÄNDER

› Etagere Fresh Classic 4 (von Müller-Dekor)

VERWENDETE BLUMEN

Rosen in verschiedenen Farbtönen von Weiß über Rosa bis Rot, Schleierkraut

DEKOR

› Modelliermarzipan
› rote fettlösliche Kakaobutterfarbe
› rot eingefärbte weiße Kuvertüre

Am Vortag Eiweißglasurspitzen (siehe Seite 49) herstellen.

Torten gut gekühlt mit weicher Kante (siehe Seite 260) und Dekormattenmuster eindecken. Dafür zuerst das Modelliermarzipan auf 4 mm Stärke auf einer Silikonmatte ausrollen, die Oberfläche leicht abpudern und das Muster mithilfe einer Reliefmatte aufrollen. Dann stürzen, die untere glatte Silikonmatte entfernen und mitsamt der Reliefmatte auf die Torte übertragen. Reliefmatte vorsichtig abziehen, dabei vorsichtig vorgehen, um das Muster nicht zu zerdrücken. Überschüssiges Marzipan abschneiden. Torte leicht anfrosten, dann mit fettlöslicher roter Kakaobutterfarbe und eingefärbter weißer Kuvertüre samtig absprühen.

Die unteren beiden Torten mit dem Spitzen-Randdekor versehen und die oberste mit einem hohen Spitzenmuster. Ich empfehle, die Spitzenmuster mit Kakaobutter abzusprühen, so bleiben sie stabiler und sind nicht so anfällig gegen zu hohe Luftfeuchtigkeit.

Den Ständer mit den gut gewässerten Steckmoos-Elementen erst vor Ort zusammenbauen. Beim Stecken der Blumen darauf achten, dass das Steckmoos gut verdeckt ist. Sicher gibt es Muster und Vorlagen zum Stecken der Blumen, allerdings lasse ich mich gerne von der Location und den zur Verfügung stehenden Blumen inspirieren.

01 Modelliermarzipan auf einer Silikonmatte ausrollen und Reliefmatte aufrollen.

02 Ausgerolltes Marzipan mit der Reliefmatte auf die Torte übertragen.

03 Reliefmatte entfernen und vorsichtig an der Seite andrücken.

04 Überschüssiges Marzipan abschneiden.

05 Überschüssigen Puderzucker abpinseln.

06 Leicht angefrorene Torte mithilfe des Airbrushs samtig absprühen.

07 Fertige Torte.

Torte **WACKELKOFFER**

Give-away **LIEBESBAROMETER**

Was gibt es Schöneres, als nach der Hochzeit die Koffer zu packen und in die Flitterwochen zu starten. Über 90% aller Brautpaare sparen für eine schöne Hochzeitsreise und Brautpaare, die eigentlich schon alles haben, wünschen sich häufig Geld für einen exotischen Honeymoon. Weshalb nicht auch Einladung, Torte und Feier entsprechend gestalten …

Honeymoon

Give-away **BRAUTSCHUHE**

Torte **MARIE ANTOINETTE**

Give-away **BRAUTJUNGFER**

Give-away **LOVE-COOKIES**

HONEYMOON

Wackeltorten sind ein absoluter Hingucker und super-trendy in den USA. Die Besitzer dieser Koffer gehen ganz klar auf Hochzeitsreise nach Hawaii.

FÜR ETWA 60-70 PERSONEN

 TORTE

3 Torten, je 10 cm hoch
unterste Torte 26 cm x 38 cm
mittlere Torte 22 cm x 33 cm
oberste Torte 18 cm x 27 cm

EMPFOHLENE TORTEN

Stabile Cremetorten (siehe Seite 246 bis 251)

Aus Stabilitätsgründen verwende ich für diese Torte nur stabile Böden und Massen wie: Zweifarbige Baumkuchenmasse, Sacherboden, Mohnboden, Karottenkuchenboden, Himbeer-Mandel-Boden, Englischer Früchtekuchen sowie schwere Sandmassen (siehe Seite 230 bis 237).

ÜBERZUG

› braunes Marzipan, dunkle Modellierschokolade, Rollfondant in Hell- und Dunkelbraun, Weiß, Gelb und Grün, etwa 5 kg

 VERWENDETE FORMEN UND UTENSILIEN

› Relieffolie/Schablonen (z.B. von PCB) mit Kroko- oder anderen Exen- und Schlangenmustern
› Lineal
› Stepp-Rollwerkzeug
› Extruder
› Kugelmodellierholz
› Ausstechersatz „rund" und „oval"
› Lebensmitteldrucker für die Koffertags (von Modecor)
› Wasserpinsel
› CMC-Kleber
› Zuckerstempel für die Hibiskusblumen und Blattstempel

 STÄNDER

› Holzstäbe und Kunststoffstabilisierungen, je eine passend zurechtgeschnittene Bodenplatte pro Torte

REZEPT

DUNKLE MODELLIERSCHOKOLADE

› 200 g dunkle Kuvertüre
› 30 g Wasser
› 50 g Puderzucker
› 100 g Glukosesirup
› 200 g Milchschokolade

Kuvertüre schmelzen. Wasser erwärmen, Puderzucker und Glukosesirup darin auflösen, dann die geschmolzene Schokolade einrühren. Etwa 12 Stunden kühl ruhen lassen.

› Goldpuder

Torten gut gekühlt mit braunem Marzipan oder dunkler Modellierschokolade mit leicht runder Kante (siehe Seite 260) eindecken. Dann Modellierschokolade auf 3 mm Stärke ausrollen und mit der Krokofolie prägen. Davon Streifen von 6 cm Breite schneiden, ohne dabei das Muster zu zerdrücken. Die Streifen auf die jeweilige Länge und Breite der Torten zuschneiden, dann im 45°-Winkel von der Mitte aus spitz zuschneiden und an der Außenkante der jeweiligen Torte so anbringen, dass die Schnittflächen aneinanderstoßen. Anschließend 7 cm breite und ausreichend lange Streifen (je Torte unterschiedlich lang) mit Krokomuster schneiden und wie eine Banderole in der Mitte der Torte von vorne nach hinten anbringen.

Auf 2/3 der Höhe der Torte rundherum den Deckel mit einem stabilen Lineal markieren. Hellbraunen Rollfondant 2 mm dick ausrollen und Streifen von 3 cm Breite für die Koffergürtel und Streifen in Breite von 1 cm sowie 3 mm für die Banderole in der Mitte schneiden. Für die Koffergürtel zuerst das vordere Gürtelelement anbringen und mit der Stepp-Rollwalze die Kanten markieren, dann die oberen Elemente von hinten nach vorne anbringen und erneut die Kanten mit der Stepp-Rollwalze markieren. Dann mittig das 1 cm breite Band sowie die 3 mm dünnen Bänder rechts und links davon anbringen und erneut mit der Stepp-Rollwalze die Nähte markieren.

Für die schmalen hellbraunen Bänder Rollfondant in einen Extruder geben, dünne Rollen auspressen und dabei von vorne nach hinten anbringen.

Mit dunkelbrauner Modellierschokolade und dem Extruder die oberen Kanten der Koffertorte auspressen und anbringen. Mit dunkelbraunem Rollfondant und dem Extruder die Kante für den Deckel der Koffertorte auspressen und auf der vormarkierten Stelle fixieren. Mit einem Rollschneider leicht teilen, sodass der Eindruck einer Teilungskante für den Deckel sowie den unteren Teil des Koffers entsteht.

Aus Modellierschokolade je Koffergürtel 3 kleine Kugeln modellieren und mit einem Modellierholz (für Augen) Vertiefungen anbringen. Dann aus Modellierschokolade die Gürtelschnallen modellieren und anbringen.

Gelben Rollfondant ausrollen und mit einem 5 cm großen, runden Ausstecher die Kofferecken ausstechen und auf der jeweiligen Koffereecke anbringen. Mit einem kleinen ovalen Ausstecher aus dem gelben Rollfondant die ovalen Dekoelemente in der Mitte des Koffers ausstechen und anbringen.

Einige Tage im Voraus die Koffertags herstellen (siehe Seite 161).

Aus Modellierschokolade zuerst die Griffe modellieren: Hierfür eine leicht spitz zulaufende, 14 cm lange Rolle modellieren, diese leicht flach drücken und zurecht biegen. Die Enden gerade schneiden. Die Griffbreite einmal mit Krokomuster geprägter Modellierschokolade umwickeln. Den Griff stabilisieren lassen und mit etwas Kuvertüre und Eisspray an der Torte anbringen. Je Griffende zwei kleine Kugeln modellieren und flach gedrückt als Nieten am Griffende anbringen.

Die Ecken und Schnallen inklusive der Gürtellöcher, die Nieten für die Griffe sowie das ovale Dekoelement mit einem Pinsel und etwas Alkohol mit Goldpuder angolden.

01 Koffertags mit einem Lebensmitteldrucker drucken (z.B. von Modecor).

02 Nahaufnahme des Druckes.

03 Koffertags ausschneiden.

04 Fertige getrocknete Koffertags.

DEKOR

› Isomalt in Rosa und Gelb
› rote wasserlösliche Farbe

Für die Dekoration zuerst die Zuckerblüten herstellen.

In diesem Fall wurden 2 Hibiskusblüten (siehe Seite 162 bis 163). 4 Papageienblumen, 5 Frangipaniblüten und einige große grüne Blätter benötigt. Je nach Belieben und Aufwand kann man diese Blüten natürlich auch variieren (siehe Seite 220 bis 229). Alle Blüten trocken zwischenlagern.

FERTIGSTELLUNG

Beim Zusammensetzen ist es sehr wichtig, dass die Torte absolut stabil wird. Dazu 2 Abstandhalter aus Styropor zurechtschneiden. Dabei unbedingt darauf achten, dass der Winkel der Torte immer maximal 23,5° beträgt. Sonst besteht die Gefahr, dass die Torte abrutscht. Die Styroporteile dünn mit grünem Rollfondant eindecken.

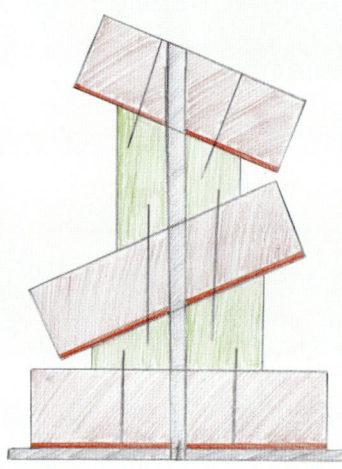

Die erste Torte auf der Bodenplatte mit dem großen Holzstab (dieser muss bis zur obersten Torte durchgehen und auf der untersten Platte fest

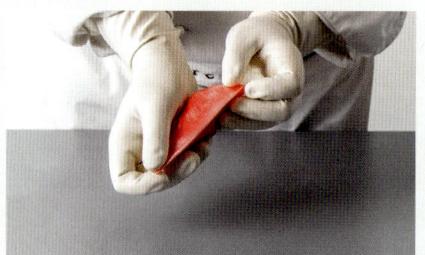

01 Aus Isomalt eine Kante ziehen.

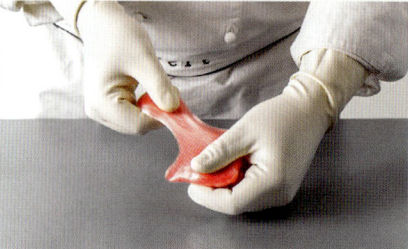

02 Daraus wiederum ein gleichmäßiges Blatt ziehen.

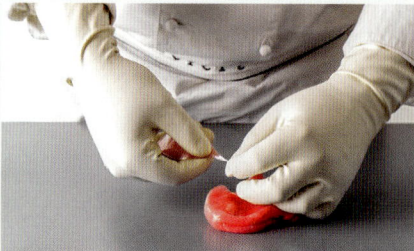

03 Das Blatt abformen.

04 Das noch warme Blatt in eine Silikonstempelform einlegen und abpressen.

05 Ausgeformte Blätter.

06 Blätter mit Airbrush vom Blütenansatz her mit roter wasserlöslicher Farbe mit Verlauf schminken.

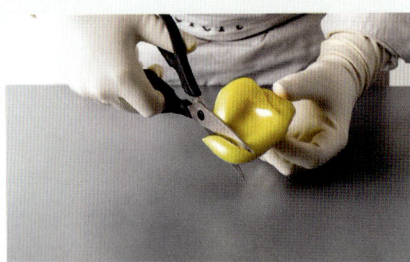

07 Für den Blütenstempel mit einer Schere einen gleichmäßig temperierten gelben Wulst abschneiden.

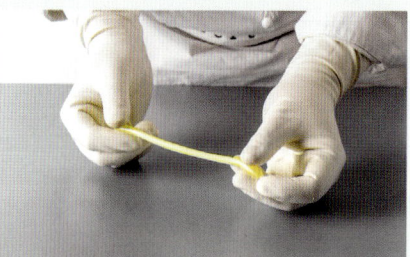

08 Diesen Wulst gleichmäßig zu einem kurzen Faden ziehen, dabei leicht zwirbeln.

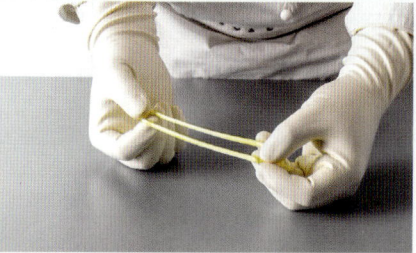

09 Faden so zusammenlegen, dass sich die beiden Fäden nicht berühren.

fixiert sein) absetzen. Dann Stabilisierungsstäbe in die Torte stecken (diese sollten nur so hoch wie die Torte selbst sein) und das erste Styroporelement aufstecken, dann die nächste Torte aufstecken und die Torte mit einigen Holzspießen (diese durch Torte und Styropor durchstechen) stabil fixieren. Dann das nächste Styroporelement aufstecken und einige Holzstäbe zum Fixieren durchstechen, anschließend die letzte Torte aufstecken. Erst am Veranstaltungsort die Blüten und Koffertags anbringen. Diese auf der obersten Torte zum Verdecken der Löcher durch die Stabilisierungsstäbe anbringen.

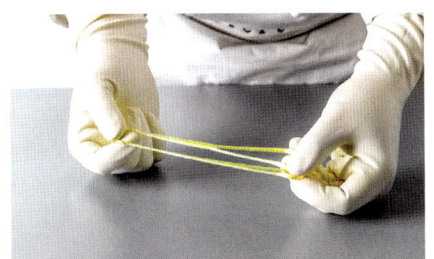

10 Fäden erneut zusammenlegen und diesen Vorgang mehrmals wiederholen.

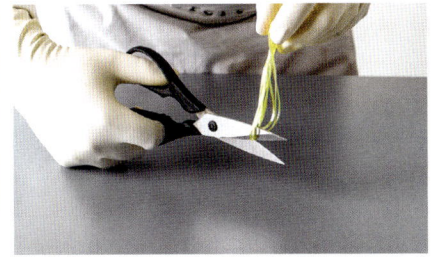

11 Die entstandenen Bögen auseinanderschneiden.

12 Leicht zusammenstauchen.

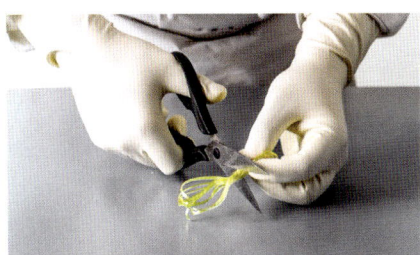

13 Das überschüssige Ende abschneiden.

14 Das erste Blatt über einer Flamme erwärmen.

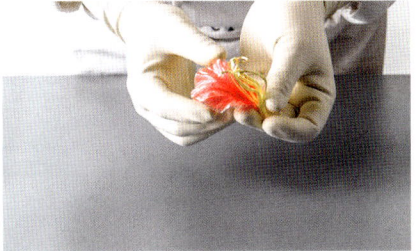

15 Dann am Blütenstempel ansetzen.

16 Die nächsten Blätter rundherum ansetzen.

17 Fertige Blüte.

Liebesbarometer

FÜR ETWA 15 STICKS

ÜBERZUG
› dunkle Kuvertüre

VERWENDETE FORMEN UND UTENSILIEN
› Pinsel oder Mini-Garniertüte
› Formen „Salzstangen" (z.B. von Wilton oder Städter)

REZEPTE

POPCORN UND GRISSINI

GRISSINI

Für etwa 15 Stück

- 500 g Mehl
- 1 Pck. Trockenhefe (7 g) oder 42 g Frischhefe
- 275 g Wasser
- 5 g Salz
- 45 g Olivenöl

Mehl, Trockenhefe, Wasser, Salz und Olivenöl in eine Schüssel geben und verkneten. Den Teig auf die Arbeitsfläche legen und etwa 10 Minuten kneten, bis er glatt und elastisch ist. Mit einem Küchenhandtuch bedeckt weitere 10 Minuten ruhen lassen, dann nochmals durchkneten. Den Teig zu einem Rechteck von etwa 1 cm Dicke ausrollen, bedeckt wiederum 10 Minuten ruhen lassen.

Den Teig dann in der Mitte quer in 2 gleich große Teile schneiden. Nun die Teigstreifen in 1 cm breite Streifen schneiden und jeweils etwas rund rollen. Die einzelnen Streifen auf ein Backblech legen und mit Wasser bestreichen. Im vorgeheizten Backofen bei 200 °C etwa 15 Minuten backen.

Auf einem Drahtrost auskühlen lassen.

KARAMELL-POPCORN

Ergibt etwa 1,5 Ltr. Popcorn

- 15 g Butter
- 75 g brauner Zucker
- 25 ml Honig
- 40 g Popcorn, frisch gepoppt (etwa 1,5 Litermaß)
- Salz

Butter, Zucker und Honig in einem Topf aufkochen lassen, bis sich der Zucker vollständig gelöst hat und die Masse etwas schäumt. Popcorn leicht salzen und in eine große Schüssel geben. Mit der heißen Zuckermasse beträufeln, mit einem Holzlöffel sehr gut durchmischen und die Körner separieren. Abkühlen lassen.

DEKOR

- weiße Kuvertüre
- rote fettlösliche Kakaobutterfarbe

Zuerst die Formen mit temperierter weißer, mit rot eingefärbter Kuvertüre ausschminken. Hierfür entweder einen Pinsel verwenden oder ein Garniertütchen. Dann mit temperierter weißer Kuvertüre weiter ausgarnieren und anziehen lassen. Halb mit dunkler temperierter Kuvertüre auslassen, je ein Grissini in die Form einlegen und weiter mit dunkler Kuvertüre auffüllen. Sofort mit den karamellisierten Popcornstücken belegen. Sobald sich die Kuvertüre komplett gelöst hat, vorsichtig ausformen.

Marie Antoinette

Marie Antoinette ist eine der schillerndsten und extravagantesten Persönlichkeiten des späten Rokoko. Leichtfüßig, feinsinnig, galant und kultiviert sind Begriffe, die mit dieser Epoche in Verbindung gebracht werden. Ich denke, diese Torte hätte Marie Antoinette gemocht.

FÜR ETWA 60-70 PERSONEN

 TORTE

4 Torten: unterste 16 cm hoch,
ab der zweiten von unten 10 cm hoch
Kantenlänge: 16 cm, 20 cm, 25 cm, 30 cm

EMPFOHLENE TORTEN

Stabile Cremetorten (siehe Seite 246 bis 251)

Aus Stabilitätsgründen verwende ich für diese Torte nur stabile Böden und Massen wie: Zweifarbige Baumkuchenmasse, Sacherboden, Mohnboden, Karottenkuchenboden, Himbeer-Mandel-Boden, Englischer Früchtekuchen sowie schwere Sandmassen (siehe Seite 230 bis 237).

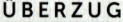 **ÜBERZUG**

› weißer Rollfondant, etwa 2,5-3,5 kg und Eiweißglasur in Pastell-Olivgrün und Pink, etwa 1,5 kg

 VERWENDETE FORMEN UND UTENSILIEN

› Silikonformen für barocke Muster und französische Lilien
  (z.B. von Marvelous Moulds)
› Silikon-Gemmenform
  (z.B. von First Impressions Molds)
› Silikonmuster für Bordüren
  (z.B. von Marvelous Moulds)
› Schablone „Barock"
  (z.B. von Designer Stencils)
› 2er-Mini-Lochtülle
› 2er-Sterntülle für die Kanten

 STÄNDER

› Holzstäbe und Styroporstücke im Winkel von 23,5°

DEKOR

- gelber und weißer Rollfondant
- goldenes Metallicpulver
- Isomalt in Hell-, Dunkelrosa und Weiß

Zuerst 6 große 4er-Lilienbordüren, 32 kleine und 5 große französischen Lilien, 8 große und 8 kleine Barock-Ornamente sowie 16 Kantenbordüren mithilfe von Silikonformen aus gelbem Rollfondant herstellen.

Für die 4 Gemmen zuerst das innere der Gemme (Gesicht) mit weißem Rollfondant ausformen, anschließend mit gelbem Rollfondant das äußere Schmuckelement ausformen. Alle Elemente auf ein mit Backpapier belegtes Blech legen und, sobald sie leicht angetrocknet sind, etwas Metallicgoldpulver mit Alkohol anrühren und alle gelben Elemente mit einem Pinsel angolden. Diesen Vorgang nach dem Antrocknen nochmals wiederholen, bis alles golden glänzt.

Zuckerbänder und Schleifenelemente aus gezogenem Zucker herstellen (siehe Seite 169).

Für das untere Band kann man sich einen Block aus Styropor in der Größe der unteren Torte zurechtschneiden, so erhält man eine genaue Schablone. Ich setze das Band immer aus zwei Bändern zusammen, so kann man die beiden Bandteile nur noch an je einer Ecke verbinden und die Ansätze mit der Schleife verdecken. Die vorbereiteten Zuckerschleifen und Bänder erst am Veranstaltungsort anbringen.

FERTIGSTELLUNG

Die Torten mit weißem Rollfondant mit harter Kante eindecken (siehe Seite 262). 3 davon mit Eiweißglasur in Pastell-Olivgrün und eine in Pink einstreichen, dann antrocknen lassen. Die grünen Torten mit den Lilien, Barock-Ornamenten und Kantenbordüren dekorieren. Zum Befestigen verwende ich Eiweißglasur.

Sobald die rosafarbene Torte angetrocknet ist, die Schablone mit Barockmuster an der Torte fixieren und mit leicht verdünnter, olivgrüner Eiweißglasur das Muster übertragen, Schablone abnehmen und mit stabiler olivfarbener Eiweißglasur mithilfe einer 2er-Mini-Lochtülle die Rundungen des Musters mit kleinen Schwüngen nachgarnieren. Auf der Oberseite der Torte in leicht „zittriger" Linie mit der gleichen Glasur die Außenkanten mit gewellten Schwüngen verbinden. An diesen Schwüngen Schleifenelemente aufgarnieren. An den Ecken von oben und unten zur Mitte hin mit der Lochtülle je vier Tupfen immer kleiner werdend garnieren. Die Gemmen und die kleinen französischen Lilien an der Torte fixieren.

An den Unterkanten aller Torten mit einer Sterntülle einen „Tatzenrand" garnieren. An der zweiten Torte von oben zusätzlich mit der Mini-Lochtülle um die Mini-Lilie ein Ornament garnieren.

Für die Winkel aus festem Styropor (Hartschaum) Keile mit 23,5° zurechtschneiden und mit olivgrüner Glasur einstreichen. Sobald die Glasur getrocknet ist, kann die Torte zusammengebaut werden.

Als erstes die unterste Torte auf eine mit dem Holzstab verbundene Holzplatte setzen, dann Stablisierungsstäbe in die Torte stecken, den Winkel ebenfalls aufstecken und die nächste Torte daraufsetzen. Diesen Vorgang mit den anderen Torten wiederholen.

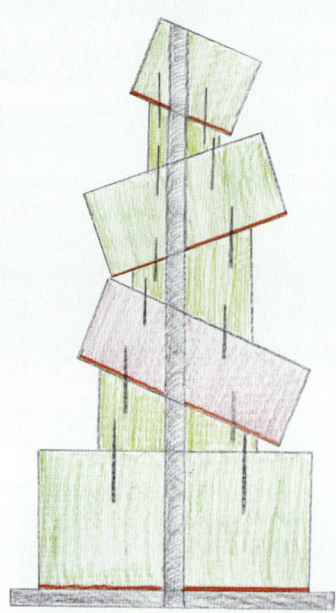

SPINNZUCKER

- 1000 g Zucker
- 500 g Wasser
- 200 g Glukosesirup

Zucker und Wasser auflösen, aufkochen und abschäumen. Glukosesirup zugeben und alles auf 154 °C kochen. Sobald der Kochgrad erreicht ist, in kaltem Wasser abschrecken.

Rosa Spinnzucker herstellen und so um die freistehenden Winkel drapieren, dass die Winkel verdeckt sind.

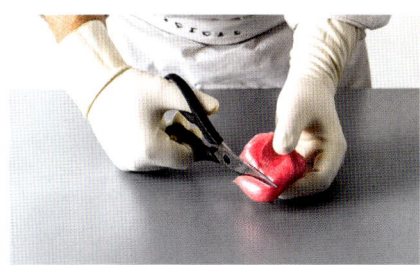
01 Gleichmäßig durchgearbeiteten Isomalt in ebenmäßige Wülste schneiden.

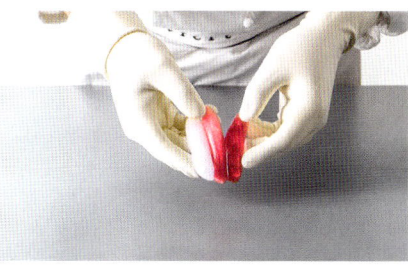
02 3 gleichmäßige Wülste aus hell-, dunkelrosa und weißem Zucker herstellen und aneinanderlegen.

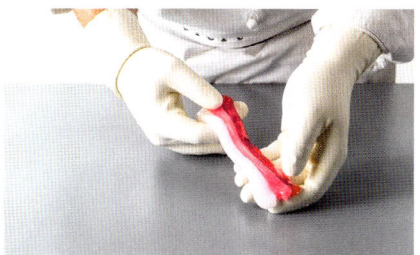
03 Die Wülste in der Länge auseinanderziehen.

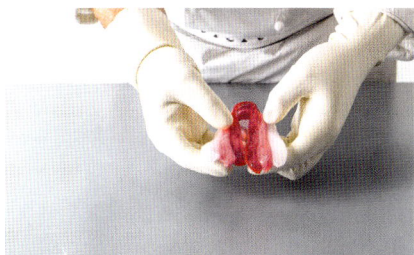
04 Das entstandene Band so zusammen legen, dass 6 Stränge nebeneinander entstehen.

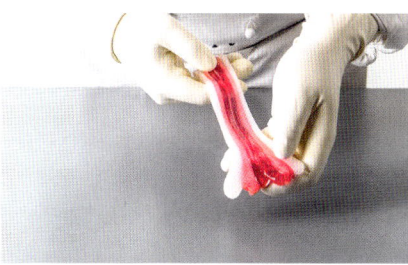
05 Erneut in der Länge gleichmäßig auseinanderziehen.

06 Ein weiteres Mal zusammenlegen und lang ziehen.

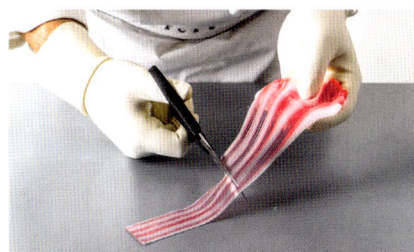
07 In der gewünschten Breite und Länge mit einer Schere auseinanderschneiden.

08 Für eine Schlaufe die beiden Enden zusammenlegen.

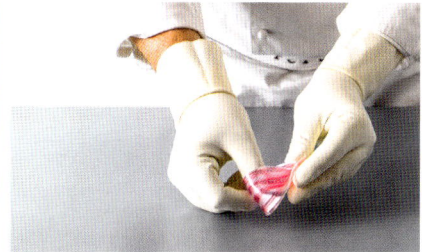
09 Die Schlaufe mit dem Daumen fixieren und auskühlen lassen.

10 Für ein Schleifenende nur das eine Ende zusammendrücken und das offene Ende wellen.

11 Fertiges Schleifenelement.

FÜR ETWA 60 KEKSE

ÜBERZUG

› weißer Rollfondant

VERWENDETE FORMEN UND UTENSILIEN

› Ausstecher „Pumps"
› Reliefmuster „Schlange" (z.B. von PCB)
› Blütenausstecher
› Mini-Zuckerperlen (z.B. von Städter)

Brautschuhe

REZEPT

KLASSISCHER MÜRBTEIG

› 200 g Butter
› 100 g Puderzucker
› 1 Ei (50 g)
› Abrieb von ½ unbehandelten Zitrone
› Mark von ½ Vanilleschote
› 3 g Meersalz
› 300 g Mehl, Type 405

Gewürfelte Butter mit Zucker, Ei und den Gewürzen rasch glatt kneten. Das Mehl kurz unterkneten. In Folie verpackt mindestens 2 Stunden gut durchkühlen. Anschließend mit etwas Mehl etwa 3 mm dick ausrollen und auf ein mit Backpapier belegtes Backblech legen. Bei 160 °C etwa 25 Minuten vorbacken.

Für die Brautschuhe mit dem Ausstecher Schuhe herstellen. Diese vorsichtig auf das mit Backpapier belegte Backblech geben und bei höchstens 150 °C backen, da der Absatz schnell zu dunkel wird. Die Schuhplätzchen gut auskühlen lassen.

TIPPS FÜR DEN PERFEKTEN MÜRBTEIG

1. Mürbteige immer sehr zügig ausrollen, entweder mit etwas Mehl oder zwischen Silikonmatten (so spart man sich das Mehl).

2. Als Arbeitsoberfläche am besten kühlen Marmor verwenden. Das beste ist natürlich, wenn man direkt die passenden Oberflächen als Tische zur Verfügung hat oder als Profi sogar vollautomatische Ausrollmaschinen.

3. Wenn möglich sollten die Räumlichkeiten von der Temperatur eher kühler sein, um ein optimales Ergebnis zu erzielen.

4. Alle Mürbteige können für etwa eine Woche im Kühlschrank gelagert werden und natürlich auch im Tiefkühler.

DEKOR

› Eiweißglasur

Weißen Rollfondant zuerst auf 2 mm Stärke ausrollen, dann mit der Relieffolie das Schlangenmuster übertragen und ebenfalls mit dem Ausstecher Schuhe herstellen. Diese direkt mit etwas Eiweißglasur auf dem Mürbteigkeks befestigen.

Für bunte Schuhe kann das Schlangenmuster vor dem Ausstechen mit etwas Metallicfarbe abgepinselt werden.

Den Rollfondant erneut 1 mm stark ausrollen und mit dem Blütenausstecher je Schuh eine Blüte ausstechen. Mit Eiweißglasur einen kleinen Punkt aufgarnieren, mit Mini-Perlen in der passenden Farbe abstreuen und trocknen lassen. Die Blumen mit einem Tupfen Eiweißglasur vorne am Schuh befestigen.

Die Oberkante der Schuhe ebenfalls mit einer Eiweißglasur-Linie garnieren und mit Mini-Perlen in der passenden Farbe abstreuen.

Brautjungfer

REZEPT

PINIENKERNMÜRBTEIG

› 100 g Butter
› 20 g Zucker
› 40 g Puderzucker
› 20 g fein geriebene Pinienkerne
› 1 Prise Salz
› 1 Ei (Klasse M)
› 170 g Mehl

Alle Zutaten, bis auf das Mehl, kurz verkneten, dann rasch das Mehl zu einem bröseligen Teig unterkneten. Den Teig in Folie verpackt etwa 1 Stunde im Kühlschrank stabilisieren lassen. Anschließend mit etwas Mehl etwa 3 mm stark ausrollen. Mit dem Kleid-Ausstecher die Kekse herstellen. Diese vorsichtig auf das mit Backpapier belegte Backblech geben und bei 160 °C etwa 25 Minuten backen.

DEKOR

› weiße und lilafarbene Eiweißglasur

Weißen Rollfondant zunächst auf 2 mm Stärke ausrollen. Dann mit der Relieffolie das Muster für das Kleid übertragen und mit dem Ausstecher „Kleider" herstellen. Diese direkt mit etwas Eiweißglasur auf dem Mürbteigkeks befestigen.

Rollfondant erneut 1 mm stark ausrollen und mit dem Mini-Blütenausstecher je Kleid eine Blüte ausstechen. Mit lila Eiweißglasur einen kleinen Punkt aufgarnieren und trocknen lassen. Auch das Blütenmuster auf dem Kleid mit Eiweißglasurpunkten dekorieren sowie ein Band an der Hüfte aus 2 Linien und 3 Schleifenlinien garnieren. Darauf die kleine Blume mit etwas Eiweißglasur befestigen. Zum Schluss die jeweiligen Namen auf das Kleid schreiben.

FÜR ETWA 15 KEKSE

ÜBERZUG

› weißer Rollfondant

VERWENDETE FORMEN

› Spezial-Ausstechersatz „Kleid" mit Relieffolie
› Mini-Blütenausstecher
› 1er-Mini-Lochtülle
› Schreibvorlagen in Schreibschrift

Love-Cookies

REZEPT

MACADAMIANUSSMÜRBTEIG

› 100 g Butter
› 20 g Zucker
› 40 g Puderzucker
› 20 g fein geriebene Macadamianüsse
› 1 Prise Salz
› 1 Ei (Klasse M)
› 170 g Mehl

Alle Zutaten, bis auf das Mehl, kurz verkneten, dann rasch das Mehl zu einem bröseligen Teig unterkneten. Den Teig in Folie verpackt etwa 1 Stunde im Kühlschrank stabilisieren lassen. Anschließend mit etwas Mehl etwa 3 mm stark ausrollen. Mit dem Ausstecher Herzen ausstechen. Diese vorsichtig auf ein mit Backpapier belegtes Backblech geben und bei 160 °C etwa 25 Minuten backen.

DEKOR

› rote Eiweißglasur

Rollfondant zunächst auf 2 mm Stärke ausrollen dann mit der Relieffolie das Muster übertragen. Ebenfalls mit dem Herzausstecher ausstechen. Die Herzen direkt mit etwas Eiweißglasur auf dem Mürbteigkeks befestigen. Das Schreibmuster sowie die Herzdekorlinie auf dem Aufleger mit roten Eiweißglasurlinien mithilfe einer Mini-Lochtülle nachgarnieren.

FÜR ETWA 15 KEKSE

ÜBERZUG

› brauner Rollfondant, Marzipan oder Modellierschokolade

VERWENDETE FORMEN

› Spezial-Ausstecherset mit Relieffolie (z.B. von Autumn Carpenter)
› Spritzbeutel mit 1er-Lochtülle

Torte **PFINGSTROSE**

Torte **BAROCK-STYLE**

Traum-hochzeit

Lolly **FRÜHLING**

Give-away **VOGELKÄFIG**

Torte **MINI-HOCHZEITSTORTE**

Für jeden ist Romantik etwas anderes. Träumt eine Braut vom weißen Tüllkleid mit aufgestickten Vergissmeinnicht, so ist für die andere Braut das Sissi-Kleid der Inbegriff der Romantik. Genauso ist es mit den Hochzeitstorten. Die folgenden sind sehr unterschiedlich – aber alle romantisch. Ganz besonders die Torte für die Hochzeit zu zweit.

Barock-Style

Das Arbeiten mit Zucker macht mir besonders viel Spaß – vielleicht habe ich es deshalb zu einer gewissen Meisterschaft gebracht. Für die Blüten dieser Torte habe ich Stunden gebraucht. Ich denke, diese Üppigkeit macht den Reiz der Torte aus. Wer weniger gerne oder gut mit Zucker arbeitet, kann statt der Zuckerblüten auch frische Früchte nehmen. Das wirkt ganz anders, ist aber ebenfalls sehr schön.

FÜR ETWA 120-130 PERSONEN

TORTE

5 Torten
je 8 cm hoch
Ø 18 cm, 24 cm, 30 cm, 38 cm und 46 cm

EMPFOHLENE TORTEN

Stabile Cremetorten (siehe Seite 246 bis 251)

Diese Torte eignet sich besonders gut für Eistorten.

ÜBERZUG

› weißer Rollfondant, etwa 5 kg

VERWENDETE FORMEN UND UTENSILIEN

› Spritzbeutel mit 3er-Lochtülle und Sterntülle
› Blattstempel für Zuckerblätter und Blüten (z.B. von Cardin Deko)

DEKOR

› 10 Rosen in 3 Farbabstufungen (siehe Seite 222)
› 6 weiße Rosen (siehe Seite 222)
› 20 kleine, gelbe gestempelte Zuckerblumen
› 10 kleine, weiße gestempelte Zuckerblumen (siehe Seite 92)
› 25 hellgrüne Zuckerblätter (siehe Seite 225)
› 20 hellgrüne Zuckerspiralen

REZEPTE

ISOMALT

› 1000 g Isomalt
› 200 g Wasser

Isomalt und Wasser auflösen, aufkochen und abschäumen. Anschließend alles auf 170 °C kochen. Sobald der Kochgrad erreicht ist, in kaltem Wasser abschrecken.

EIWEISSGLASUR

› 150 g Eiweiß
› 750 g Puderzucker
› 9 g Zitronensaft

Eiweiß anschlagen, Puderzucker nach und nach zugeben, steif schlagen und mit Zitronensaft abschmecken. Eiweißglasur nach Wunsch mit Lebensmittelfarben einfärben.

DEKOR

Zuerst die gut durchgekühlten Torten mit weißem Rollfondant mit weicher Kante (siehe Seite 260) eindecken. Anschließend das Muster mit stabiler Eiweißglasur mithilfe der Lochtülle entweder freihand auf die Torte garnieren oder das Muster zunächst auf Backpapier vorzeichnen, dann mit einer Stecknadel an der Torte befestigen und erst danach aufgarnieren. Es ist sehr hilfreich, mit einem im Winkel verstellbaren Garnierteller zu arbeiten. Zumindest sollte man am besten auf Augenhöhe mit der Torte arbeiten.

Die fertig garnierte Torte zusammenbauen und an den Übergängen mithilfe der Sterntülle Eiweißspritzglasur in einem Tatzendekor aufbringen. Anschließend die Zuckerblüten befestigen. Für den Transport ist es empfehlenswert, die Zuckerblüten zusätzlich mit einem Holzspieß zu fixieren.

Falls eine Eistorte verarbeitet wird, sollte statt Rollfondant und Eiweißspritzglasur, gesüßte Schlagsahne für Überzug und Dekor verwendet werden. Der Zuckerdekor kann einfach mit eingefroren werden. Bis der Zucker beginnt zu verlaufen, ist die Torte schon längst verzehrt.

01 Zuerst mithilfe einer Schablone einen Dekor auf ein in der Höhe der einzelnen Torte geschnittenes Backpapierband übertragen.

02 Dieses Band mit Stecknadeln an der eingedeckten Torte fixieren.

03 Dekor mit einer Stecknadel durch kleine Stiche auf der Dekorline „abpausen" und anschließend die Schablone entfernen.

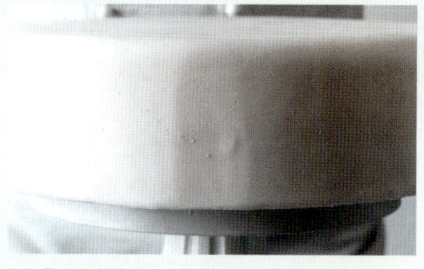

04 Torte auf einen Drehteller setzen, den man – wenn möglich – schräg stellen kann.

05 Den Dekor mit Eiweißspritzglasur und Lochtüllen nachgarnieren.

06 Fertiger Dekor.

Mini-Hochzeitstorte

FÜR 2 PERSONEN

 VERWENDETE FORMEN UND UTENSILIEN

› Backform „Hochzeitstorte" (z.B. von Birkmann)
› Airbrushpistole
› Mini-Rosenblatttülle und Mini-Blättertülle
› Mini-Lochtülle
› Mini-Silberperlen

 ÜBERZUG

› mit Matcha-Grünteepulver gefärbte weiße Sprühkuvertüre

REZEPTE

KANADISCHER NUSSKUCHEN

Vorbereitung der Form (1000 g Inhalt)

› 50 g weiche Butter
› 50 g gesiebte Semmelbrösel

Mithilfe eines Backpinsels die beiden Hälften der Form leicht mit Butter fetten und mit den Semmelbröseln ausstreuen. Kanten säubern und Form zusammenbauen.

› 270 g Rohrzucker
› 270 g Butter
› 1 Prise Salz
› Mark von 1 Vanilleschote
› 210 g Mehl
› 1 Prise Zimt
› 100 g gemahlene Pekannüsse (die Hälfte davon geröstet)
› 50 g getrocknete Cranberrys
› 4 Eier

Rohrzucker und Butter mit Salz und Vanillemark schaumig rühren. Mehl, Zimt, Pekannüsse und Cranberrys mischen und in 3 Abschnitten abwechselnd mit den Eiern unter die Buttermasse rühren. Die Masse in die vorbereitete Form geben und bei 180 °C etwa 35 Minuten backen. Nachdem dem Backen kurz stehen lassen, dann vorsichtig ausformen und auskühlen lassen. Gegebenenfalls die Unterseite des Kuchens begradigen.

SPRÜHKUVERTÜRE

› 100 g Kuvertüre
› Kakaobutter

Kuvertüre auflösen und Kakaobutter zugeben (max. 50 g, je nach Kuvertüre), sodass die Kuvertüre mit der Airbrushpistole aufgebracht werden kann, ohne die Düsen zu verstopfen.

DEKOR

› weiße Eiweißglasur
› rosafarbene wasserlösliche Lebensmittelfarbe

Zuerst mit stabiler weißer Eiweißglasur Mini-Rosen auf Papier dressieren und über Nacht trocknen lassen. Dann mit rosa Airbrushfarbe absprühen.

Den Kuchen kurz im Tiefkühler anfrieren. Weiße Kuvertüre mit Kakaobutter mischen und mit Matcha-Grünteepulver einfärben und durch ein feines Haarsieb geben. Mithilfe der Sprühpistole den Kuchen samtig grün absprühen.

Die Abstände der Bögen auf dem Kuchen vorzeichnen (z. B. mit einem angewärmten Ausstecher oder auch frei Hand), dann mit der Eiweißglasur und einer 2er-Minitülle und leicht zittriger Hand die unteren wellenförmigen Bögen aufgarnieren, dann die dünnen oberen Bögen als Faden auflegen. Mini-Rosen anbringen und mit einer Mini-Blatttülle zu beiden Seiten mit weißer Glasur die Blätter aufgarnieren. Diesen Dekor erst antrocknen lassen, anschließend mit einer Mini-Lochtülle je eine dünne Schlaufe von jeder Rose aus nach unten garnieren und, solange die Glasur noch feucht ist, mit je 4 Mini-Silberperlen dekorieren.

Pfingstrose

Pfingstrosen gehören zu meinen Lieblingsblumen. In unserem Garten blühen sie immer pünktlich zu Pfingsten und das in einer Pracht, die mich jedes Jahr erstaunt.

FÜR ETWA 120-130 PERSONEN

TORTE

4 Torten
1. Torte: 15 cm Kantenlänge, 10 cm Höhe
2. Torte: 20 cm Kantenlänge, 6 cm Höhe
3. Torte: 25 cm Kantenlänge, 10 cm Höhe
4. Torte: 35 cm Kantenlänge, 16 cm Höhe

EMPFOHLENE TORTEN

Stabile Cremetorten (siehe Seite 246 bis 251)

ÜBERZUG

› weißer Rollfondant, etwa 4-5 kg

VERWENDETE FORMEN UND UTENSILIEN

› Silikonform „Brosche" (z.B. von Karen Davies)
› Silikonform „Blütenstempel" (z.B. von Chicago Mouldschool)
› Schminkpinsel / Wasserpinsel
› Schablone „Ornament"
› kleine Sterntülle
› Utensilien für die Arbeit mit Zucker

REZEPT

ROLLFONDANT

- 9 g Gelatine
- 60 ml Wasser
- 170 g Glukosesirup
- 3 g Glycerin
- 2 g Zitronensäure
- 3 g Salz
- 1000 g Puderzucker

Gelatine im Wasser einweichen, auflösen, dann Glukosesirup, Glycerin, Zitronensäure und Salz zugeben. 2/3 des Puderzuckers in eine große Schüssel sieben, Gelatinemischung zugeben und mit der Rührmaschine glatt rühren. Den restlichen Puderzucker nach und nach unterarbeiten. Den fertigen Fondant luftdicht einpacken und einen Tag ruhen lassen. Vor dem Ausrollen nochmals gründlich durchkneten. Nach Wunsch einfärben.

DEKOR

BROSCHEN

- smaragdgrüner Rollfondant
- Metallicfarbe in Grün

Es werden 4 große Broschen und 12 kleine Broschen benötigt. Rollfondant smaragdgrün einfärben und Silikonformen mit grüner Metallicfarbe auspudern. Für die großen Broschen je 20 g Rollfondant zu einer Kugel formen und in die Formen drücken. Überschüssigen Rollfondant mit einem Marzipanmesser abschneiden und vorsichtig ausformen. Für die kleinen Broschen die Blütenstempel-Silikonform verwenden, dann 10 g Rollfondant zu einem Ei modellieren und dieses mit der dickeren Seite in die Form drücken. Das obere Ende leicht spitz zumodellieren und vorsichtig ausformen. Bei allen Broschen mit einem Schminkpinsel die überschüssige Farbe abpinseln und dabei den Glanz stärker hervorheben.

PFINGSTROSE

Es werden 10 kleine, 20 mittlere, 25 etwas größere Blütenblätter, eine Zuckerplatte mit dem Durchmesser 5 cm sowie ein kleiner, gelber gezogener Zuckerstempel benötigt. Alle Blätter können mit dem Airbrush zur Spitze hin noch nachgeschminkt werden.

Zusammensetzen der Blüte: Zuerst die 10 kleinsten Blütenblätter an den Blütenstempel setzen. Dabei am besten den Stempel mit der Spitze nach oben zeigend in der linken Hand halten. Anschließend nach und nach die größer werdenden Blätter ankleben. Die Blüte umdrehen und, je nachdem wie weit sie geöffnet sein soll, die Blätter mit dem Kaltluftföhn an gewünschter Position stabilisieren (siehe Seite 223).

RANDDEKOR

- hellgrüne Eiweißglasur

Torten zuerst mit weißem Rollfondant mit relativ scharfer Kante eindecken (siehe Seite 262). Hierbei darauf achten, dass die Wandseiten besonders glatt sind. Dies ist wichtig, da die Schablone perfekt anliegen muss.

Die jeweils passenden Schablonen mit je 2 Spießen an den Torten befestigen und mit hellgrün gefärbter, nicht zu stabiler Eiweißglasur die Ornamente vorsichtig durch die Schablone auf die Torte schablonieren. Anschließend die Spieße entfernen, die Löcher zuspachteln und die überschüssige Glasur entfernen. Erst dann die Schablone vorsichtig entfernen. Unschöne Übergänge gegebenenfalls mit einem Wasserpinsel entfernen. Die fertig dekorierten Torten aufeinander setzen. Die restliche grüne Eiweißglasur stabil aufschlagen und mithilfe einer kleinen Sterntülle eine dünne Bordüre auf Übergänge und Unterkante garnieren.

Die großen Broschen in den Ecken der untersten Torte und die kleinen Broschen auf den restlichen Torten befestigen. Die Pfingstrose als krönenden Abschluss obenauf setzen.

Vogelkäfig

REZEPT

KLASSISCHER MÜRBTEIG

› 200 g Butter
› 100 g Puderzucker
› 1 Ei (50 g)
› Abrieb von ½ unbehandelten Zitrone
› Mark von ½ Vanilleschote
› 3 g Meersalz
› 300 g Mehl, Type 405

Gewürfelte Butter mit Zucker, Ei und den Gewürzen glatt arbeiten. Mehl kurz unterkneten. Teig in Folie verpackt etwa 1 Stunde kalt stellen. Dann auf 2 mm Stärke ausrollen und mit dem Mini-Vogelausstecher Kekse herstellen. Auf ein mit Backpapier belegtes Backblech setzen und bei 150 °C etwa 25 Minuten backen.

DEKOR

› silbernes Metallicpulver
› rote Eiweißglasur

Zuerst den rosa Rollfondant auf 1 mm Stärke ausrollen, dann die Schablone auflegen und so lange darüberrollen, bis das Muster sich abzeichnet. Dann mit Silbermetallicpulver abpudern und mit dem Vogelausstecher die Vögelchen ausstechen. Diese mit etwas Eiweißglasur auf den Keksen befestigen.

Mit roter Eiweißglasur einen kleinen Punkt als Auge garnieren. Anschließend roten Rollfondant ebenfalls auf 1 mm Stärke ausrollen mit dem Stencil und Metallicpulver dekorieren. Anschließend je Vogelkeks mit dem Herzausstecher ein Herz herstellen. Die Herzchen mit etwas Eiweißglasur als Flügel auf jedem Vögelchen fixieren. Vor dem Verpacken komplett trocknen lassen.

FÜR ETWA 65 KEKSE

VERWENDETE FORMEN UND UTENSILIEN

› Mini-Ausstecher „Vogel"
› Mini-Ausstecher „Herz"
› Mini-Schablone (z.B. von Cake Crafting)

ÜBERZUG

› rosa und roter Rollfondant, etwa 200 g

**FÜR ETWA 30 CAKEPOPS
UND EINEN KUCHEN**

VERWENDETE FORMEN UND UTENSILIEN

› Backform „Hochzeitstorte" (z.B. von Birkmann)
› Lollystiele (z.B. von Müller-Dekor oder Cardin Deko)
› Miniblüten-Spezialtülle
› Mini-Blatttülle
› Pinsel
› Alkohol

ÜBERZUG

› weiße Kuvertüre, etwa 4-5 kg
› kleine Perlen in Weiß, Gelb und Rosa
› grüne fettlösliche Lebensmittelfarbe

Frühling

REZEPTE

MARZIPANSANDKUCHEN

- 210 g Butter
- 210 g Puderzucker
- 85 g Marzipanrohmasse
- 300 g Ei
- 320 g Mehl
- 3 g Backpulver

Butter mit Puderzucker schaumig rühren, Marzipanrohmasse mit den Eiern verkneten und unter die Buttermasse rühren. Mehl mit Backpulver mischen und in die Masse melieren. Dann in die vorbereiteten Formen füllen und bei 180 °C für etwa 30 Minuten backen. Vorsichtig ausformen und komplett auskühlen lassen. Die Unterseite gegebenenfalls begradigen, mit temperierter weißer Kuvertüre überziehen und mit einem Pinsel stupfen. Je nach Qualität der Kuvertüre muss dieser Vorgang nochmals wiederholt werden, bis der Kuchen komplett bedeckt ist. Sofort mit den bunten Perlchen abstreuen.

RUMKUGELN

- 500 g Sandkuchen
- 65 g Puderzucker
- Mark von 1 Vanilleschote
- 20 g schwach entöltes Kakaopulver
- 100 ml brauner Rum
- 100 g Kokoshartfett (z. B. Palmin)
- 50 g dunkle Kuvertüre

Sandkuchen zerbröseln und in eine Schüssel geben. Puderzucker, Vanillemark und Kakaopulver mischen und in eine Rührschüssel geben. Rum zugießen, gut mischen und über die Sandkuchen-Brösel geben. Kokosfett und dunkle Kuvertüre schmelzen und abkühlen lassen. Zu den Kuchenbröseln geben, gut vermengen und etwas fest werden lassen. Aus der Masse mit angefeuchteten Händen kleine Kugeln formen, diese im Kühlschrank stabilisieren lassen. Die Kugeln nochmals nachmodellieren und mit etwas flüssiger weißer Kuvertüre auf den Lollystäben befestigen. Dann stabilisieren lassen.

Weiße Kuvertüre mit grüner fettlöslicher Lebensmittelfarbe einfärben und die Lollys hineintauchen. Dabei während des Eintauchens die überschüssige Kuvertüre von der Kugel abziehen. Mit bunten Perlchen und den Eiweißglasur-Blüten dekorieren, auf ein Styroporstück stecken und stabilisieren lassen. Abschließend auf den fertig überzogenen und dekorierten Sandkuchen stecken.

DEKOR

EIWEISSGLASUR-BLÜTEN

- lilafarbene Eiweißglasur
- gelbe Eiweißglasur
- lila Metallicglitterpulver

Die Blüten einige Tage im Voraus herstellen. Für die kleinen Blüten lila gefärbte stabile Eiweißglasur mit einer Blüten-Spezialtülle auf Backpapier garnieren. Die Blüten antrocknen lassen und mit gelber Eiweißglasur einen kleinen Tupfen mittig aufgarnieren. Komplett trocknen lassen.

Für die großen Blüten eine Blatttülle in eine Garniertüte geben und mit einer zweiten Garniertüte, die mit lila Eiweißglasur gefüllt ist, an der spitz zulaufenden Seite der Tülle eine Linie in die Garniertüte dressieren. Dann mit weißer Eiweißglasur auffüllen und verschließen. Ein kleines Quadrat Backpapier mit etwas Glasur auf einem Garnierstempel fixieren und mit einer drehenden Bewegung 8 schlaufenförmige Blätter so garnieren, dass am Ende eine Blüte entsteht. Antrocknen lassen und mit gelber Glasur einen Tupfen in das Zentrum der Blüte sowie 7 kleine Punkte außenherum zu einem Blütenstempel garnieren. Komplett trocknen lassen. Dann mit einem Pinsel, etwas Alkohol und Metallicglitter die lilafarbenen Kanten der Blüten nachschminken. Komplett trocknen lassen. Diese Blüten können ohne Probleme mehrere Monate gelagert werden.

 TIPP Ersetzen Sie in der Rezeptur für die Eiweißglasur das Eiweiß durch Trockeneiweiß, dann hält sich die weiße Farbe besonders lange.

Goldener Herbst

Pralinen
ODENWÄLDER BAUERNHOCHZEIT

Der Herbst, mit seinem sanften Licht und den prächtigen Farben, kann sehr viel Zauber ausstrahlen. Zu mancher Hochzeit passt das ausgezeichnet. Ganz besonders, wenn es sich um eine Silberne, Goldene oder Rubinene Hochzeit handelt oder die Hochzeit wirklich im Herbst stattfindet. Der Landhausstil ist beliebt und kann, konsequent durchgeführt, einer ganzen Hochzeit ein Motto geben.

Torte **SONNENBLUMEN UND ROSEN**

Torte **BLUMENKORB**

Torte **GOLDENE HOCHZEIT**

Give-away **3 HERZEN**

Torte **LIEBESBAUMSTAMM**

Give-away **SÜSSE VERFÜHRUNG**

Sonnenblumen und Rosen

Romantischer Landhausstil perfekt mit modernen Elementen umgesetzt. Auch als Eistorte eignet sie sich – vielleicht in einer spätsommerlichen Hochzeitsnacht?

FÜR 50-60 PERSONEN

TORTE

3 Torten: unterste Torte 16 cm, mittlere Torte 14 cm und oberste Torte 16 cm hoch, Ø 16 cm, 22 cm, 26 cm

EMPFOHLENE TORTEN

Stabile Cremetorten (siehe Seite 246 bis 251)

Wenn ein stabilisierender Ständer verwendet wird, können auch leichte Mousse- und Sahnetorten (siehe Seite 252 bis 255) verwendet werden. Natürlich ist dieser Dekor auch für Eistorten bestens geeignet.

ÜBERZUG

› weiße, mit Eigelb eingefärbte Glanzganache, etwa 300 g

VERWENDETE FORMEN UND UTENSILIEN

› Schablone „Barockmuster" und „Sonnenblume"
› feiner Malerspachtel
› Stoffmusterfolie

REZEPTE

AUSSENDEKOR

ZIGARETTENMASSE FÜR DEKORBISKUIT UND ZIERGEBÄCKE

› 400 g Butter
› 400 g Puderzucker
› 400 g Eiweiß
› 400 g Mehl
› gelbe Lebensmittelfarbe / Titandioxid
› Kakaopulver

Butter und Puderzucker glatt rühren. Eiweiß und Mehl abwechselnd unterrühren. Einen Teil mit gelber Lebensmittelfarbe und Titandioxid, den anderen Teil mit Kakaopulver einfärben.

Für das Sonnenblumendekor zuerst die entsprechende Schablone auf eine Silikon-Backmatte auflegen. Mit einem feinen Malerspachtel das Sonnenblumenmuster mit der gelben Masse ausspachteln, dann die Blätter, Zweige und den Blütenstempel mit Braun ausspachteln. Schablone vorsichtig abziehen, die Silikonmatte auf ein Backblech geben und gefrieren.

Die anderen beiden Ornamentdekore nur mit brauner Masse auf die entsprechenden Silikonmatten übertragen und ebenfalls einfrieren.

DEKORBISKUIT

› 500 g Ei
› 375 g Mandelgrieß
› 375 g Puderzucker
› 100 g Mehl
› 325 g Eiweiß
› 75 g Zucker
› 75 g Butter

Ei, Mandelgrieß, Puderzucker und Mehl schaumig schlagen. Dann Eiweiß und Zucker zu Schnee schlagen, Eischnee unter die Mandelmasse heben. Butter angleichen und unterziehen.

Die Masse auf die mit den Ornamenten vorbereiteten Silikonmatten streichen. Für eine 60 cm x 40 cm große Backmatte werden etwa 600 g Masse benötigt. Etwa 10 Minuten bei 220 °C backen, dann sofort mit Zucker abstreuen und in die gewünschte Form schneiden. Reste können gut eingefroren werden.

DEKOR

WEISSE SCHOKOLADENCURLS

› weiße Kuvertüre

Eine Marmorplatte im Tiefkühler auf -18 °C einfrieren. Dann weiße Kuvertüre auflösen, im Idealfall sollte sie temperiert werden, dies ist aber nicht zwingend notwendig. Anschließend einen Klecks Kuvertüre auf die Marmorplatte geben und gleichmäßig dünn verstreichen. Sobald die Kuvertüre von glänzend in matt übergeht, kleine Bänder schneiden und sofort verdrehen. Diese Curls (Locken) für etwa 30 Minuten im Kühlschrank lagern, um sie zu stabilisieren.

GETROCKNETE, GEZUCKERTE ROSENBLÄTTER

In Zuckersirup eingelegte Veilchen-, Jasmin-, Rosen- und andere Blüten machen jede Torte zum Hingucker. Aber auch Desserts verleihen die gezuckerten Blümchen eine ganz besondere Note.

Zur Herstellung einfach unbehandelte Blüten mit Zuckersirup oder pasteurisiertem Eiweiß bepinseln oder mit Lebensmittellack besprühen und mit feinstem Kristallzucker bestreuen. Lässt man die Blüten schnell im Backofen trocknen, sollte dies bei etwa 50 °C, maximal aber 70 °C geschehen, sonst besteht die Gefahr, dass die Blüten zu braun werden (siehe Seite 195).

Durch den Zucker sind diese Blüten sehr lange haltbar.

 TIPP Wenn ich mit Lebensmittellack arbeite, verwende ich Einweghandschuhe und Backpapier als Unterlage. So müssen Tische und Hände nicht aufwendig gereinigt werden.

Zum Einsetzen dieser Torte verwende ich ein Plastikband im Ring. Dann zuerst den Dekorbiskuit in den jeweiligen Ring einpassen. Dabei achte ich immer darauf, dass man einen kleinen Streifen der eigentlichen Torte sieht. Anschließend die Torte einsetzen und im Kühlschrank stabilisieren lassen. Mit der eigelbfarbenen Glasur abglänzen und zum Zusammensetzen vorbereiten (Löcher ausstechen oder Abstandsstäbe einstecken). Erst jetzt aus dem Ring ausformen und zusammensetzen. Mit den Schokoladencurls auf der obersten Torte und den Rosenblättern dekorieren.

GOLDENER HERBST

01 Blütenblätter von einer Rose abzupfen.

02 Blütenblätter mit Lebensmittellack besprühen.

03 Jedes einzelne Blatt mit Kristallzucker bestreuen.

04 Bestreute Blätter bei etwa 50 °C über Nacht im Ofen trocknen.

05 Fertig getrocknete Blütenblätter.

Blumenkorb

Spätsommerliche Blumen, Artischocken und Trauben aus einem essbaren Blumenkorb. Die außergewöhnlich effektvolle Kombination von Blüten, Pflanzen und Früchten – ein Werk meiner Schwester. Diese Torte ist eine meiner absoluten Favourites.

FÜR 50-60 PERSONEN

TORTE

3 Torten
je 6 cm hoch
Ø 20 cm, 26 cm, 32 cm

EMPFOHLENE TORTEN

Stabile Cremetorten (siehe Seite 246 bis 251)

ÜBERZUG

› Rollfondant oder Marzipan und Eiweißglasur für das Korbmuster

VERWENDETE FORMEN UND UTENSILIEN

› Korbtülle

DEKOR

TORTEN-DEKOR

Die gut gekühlten Torten dünn mit Rollfondant oder Marzipan mit weicher Kante eindecken (siehe Seite 260). Dann die Torte zunächst dünn mit heller goldbraun eingefärbter Eiweißglasur einstreichen und anschließend das Korbgeflecht aufgarnieren.

BLUMEN-DEKOR

› verwendete Blumen, Früchte und Gemüse: Sonnenblumen, Artischocken, Dill, Thymian, gelbe Rosen, grüne Trauben, Brombeeren, Nelken, Hagebutten, Hortensien, Kapuzinerkresse, Anemonen, Chrysanthemen, Gerbera, lila Schleierkraut

Die Torte zum Zusammensetzen vorbereiten und erst vor Ort mit den gut gewässerten Steckschwämmen zusammenbauen. Mit den großen Blüten beginnen und mit den restlichen Blüten auffüllen. Es sollte nichts mehr vom Steckmoos zu sehen sein.

REZEPT

EIWEISSGLASUR

› 1 Eiweiß (300 g)
› 1,5 kg Puderzucker
› 10 ml Zitronensaft

Alle Zutaten mit einem Rührlöffel glatt rühren, dann die Masse stabil schlagen.

TIPP Komplett steif geschlagen eignet sich diese Glasur z.B. für Garnierungen. Soll sie weniger stabil, z.B. zum Auslassen, werden, kann sie tröpfchenweise mit Wasser auf die gewünschte Konsistenz verdünnt werden.

01 Eiweißglasur herstellen.

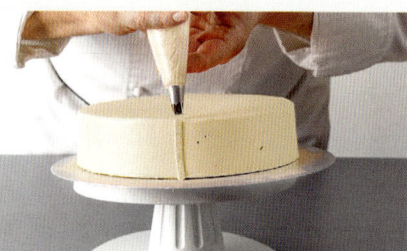

02 Dünn mit Eiweißglasur eingestrichene Torte mit einer senkrechten Linie von unten nach oben garnieren.

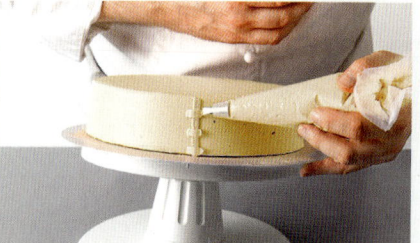

03 Von unten nach oben 3 kurze Linien im Abstand der Garniertülle quer zur senkrechten Linie darüber garnieren.

04 Erneut eine senkrechte Linie direkt neben die erste senkrechte Linie garnieren.

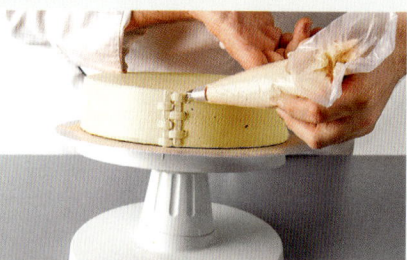

05 In die Zwischenräume der Quer-Linien die nächsten quer garnierten Linien setzen.

06 Diese Garniertechnik so lange wiederholen, bis der Dekor rundherum aufgebracht ist.

Odenwälder Bauernhochzeit

REZEPT

ODENWÄLDER TROPFENPASTETE

MARZIPANBLATT

› 800 g Marzipanrohmasse

Marzipanrohmasse in den Maßen 60 cm x 40 cm ausrollen und die Unterseite dünn mit dunkler Kuvertüre bestreichen und mit einem Rahmen umstellen.

GANACHE

› 200 g Sahne
› 25 g Glukosesirup
› 250 g Vollmilchkuvertüre
› 400 g dunkle Kuvertüre
› 50 g Butter
› 25 g Sorbitol
› 150 g Odenwälder Tropfen (Kräuterschnaps 30 Vol.-%)
› zusätzlich: Stärke und Kristallzucker

Sahne mit Glukosesirup aufkochen und über die fein gehackten Kuvertüren geben. Zuerst mit Butter, dann mit Sorbitol und Alkohol eine glatte Ganache mixen. Auf das Marzipan füllen und leicht klopfen, sodass sich die Ganache mit der Höhe des Rahmens angleicht. Dann mithilfe eines Lineals glatt ziehen. Über Nacht kristallisieren lassen.

FÜR ETWA 24 STÜCK

VERWENDETE FORMEN UND UTENSILIEN

› Lineal
› Stempel „Brautpaar"

ÜBERZUG

› dunkle Kuvertüre

DEKOR

Für den Dekor Marzipan auf 3 mm Stärke ausrollen und das Brautpaarmuster mit dem mit Stärke leicht gepuderten Stempel einprägen. Zurechtscheiden und auf ein mit Kristallzucker bestreutes Blech legen. Mit einem Gasbrenner leicht abflämmen und auskühlen lassen.

Die Pasteten auf 10 cm x 10 cm zurechtschneiden und mit temperierter dunkler Kuvertüre überziehen. Sofort die Marzipanaufleger auflegen und leicht anpressen.

Liebes-baumstamm

Der Baumkuchen ist die Krönung der deutschen Konditorenbackkunst. Ein Traditionsgebäck mit viel Symbolkraft. Durch die Jahresringe und eingeritzten Initialen wird er zu einem ganz besonderen Gebäckstück auf jedem Sweet Table, für Frisch-Verheiratete, aber auch für „silberne" oder „goldene" Jubilare.

FÜR ETWA 20 PERSONEN

 EMPFOHLENE TORTEN

Zu frischem Baumkuchen genügt etwas geschlagene Sahne. Er kann aber auch als Rand für eine Torte verwendet werden. Dieser eignet sich für stabile Cremetorten (siehe Seite 246 bis 251), aber auch für leichte Mousse- und Sahnetorten (siehe Seite 252 bis 255).

 ÜBERZUG

› weiße und dunkle Kuvertüre, etwa 200 g

 VERWENDETE FORMEN UND UTENSILIEN

› Baumkuchenmaschine
› Buchstabenausstecher sowie „&"-Zeichen
› kleines Rollholz
› kleine Palette
› Nadelwerkzeug

REZEPT

BAUMKUCHENMASSE
(FÜR 80 CM HÖHE)

- 1820 g Butter
- Mark von 5 Vanilleschoten
- 15 g Meersalz
- 20 g Kardamom
- 8 g Tonkabohne
- Abrieb von 5 unbehandelten Zitronen
- 45 Eigelbe (800 g)
- 250 g Rum
- 45 Eiweiß (1500 g)
- 900 g Zucker
- 400 g Mehl, Type 550
- 400 g Speisestärke
- Zum Glasieren: Aprikosenkonfitüre, weiße und dunkle Kuvertüre
- Zum Garnieren: weiße und dunkle Garnierschokolade

VORBEREITUNG ZUM BACKEN

Baumkuchenstab mit Alufolie umwickeln, auf den Spieß stecken und in der Baumkuchenmaschine vorheizen.

Zuerst Butter mit den Gewürzen schaumig rühren, dann nach und nach Eigelb und Rum unterrühren. Eiweiß mit Zucker zu einem stabilen Schnee schlagen. Abwechselnd beide Massen unter das miteinander versiebte Mehl- und Stärkegemisch melieren.

Etwas Masse dünn auf die Stange der Baumkuchenmaschine übertragen und Schicht für Schicht so backen, dass jede Schicht gerade so gebacken ist. Die ersten 3 Schichten sollten stärker ausgebacken werden, da es sonst zum Abreißen des Baumkuchens kommen kann. Die Masse schichtweise backen und so oft wiederholen, bis die komplette Masse aufgebraucht ist.

Den fertigen Baumkuchen mit gekochter Aprikosenkonfitüre noch heiß dünn abpinseln, auskühlen lassen und mit temperierter weißer Kuvertüre ebenfalls abpinseln. Solange die weiße Kuvertüre noch flüssig ist, punktuell mit temperierter dunkler Kuvertüre abpinseln. Da der Baumkuchen sich auf der Maschine dreht, kommen so die Verwischungen zustande. Solange drehen lassen, bis die Kuvertüre stabil ist. Den Baumkuchen anschließend von der Stange schneiden. Dann 80 cm-Baumkuchen in je 40 cm große Stücke schneiden und diese jeweils in der Mitte schräg durchschneiden. Mit einem scharfen Messer das Herz und den Pfeil herausschnitzen. Dann mit etwas weißer und dunkler Garnierschokolade die Kanten zuerst weiß, dann dunkel nachgarnieren.

 TIPP Je nach Herkunft des Baumkuchens gibt es bereits vorgegebene Rezepte, dies betrifft Form, Inhalt und Herstellung. Die 4 großen Baumkuchenstädte sind Dresden, Stettin, Cottbus und Salzwedel.

ALTERNATIVEN

Man kann natürlich auch andere Gewürze oder sogar Nüsse oder Krokant zum Aufstreuen auf den Baumkuchen verwenden.

DEKOR

- rote Zuckerrose (siehe Seite 222)

BUCHSTABEN

- braune Modelliermasse oder Rollfondant

Fertige Buchstaben (siehe Seite 203) mit etwas Garnierschokolade am Baumkuchen anbringen.

01 Braune Modelliermasse oder Rollfondant zwischen Folien auf 1 mm Stärke ausrollen.

02 Die Buchstaben-Ausstecher auf Modelliermasse oder Rollfondant drücken.

03 Ausstecher vorsichtig entfernen.

04 Fertig geprägte Buchstaben.

05 Buchstaben vorsichtig mit dem Nadelwerkzeug von überschüssigem Material befreien.

06 Fertige Buchstaben.

3 Herzen

REZEPT

SHORTBREAD

› 230 g Butter
› 50 g Reismehl
› Mark von 1 Vanilleschote
› 4 g Meersalz
› 160 g weißer Rohrzucker
› 360 g Mehl, Type 405
› zusätzlich: Eistreiche
  (Eigelb, etwas Milch, und je
  1 Prise Salz und Zucker)

Butter, Reismehl, Vanillemark, Salz und Rohrzucker verkneten. Das Mehl unterkneten und in Folie eingewickelt etwa 1 Stunde im Kühlschrank kühlen. Mit etwas Mehl auf etwa 3 mm Stärke ausrollen und mit dem gemehlten Stempel abstempeln. Dann mit einem Messer Rechtecke zurechtschneiden oder mit einem Ausstecher ausstechen. Auf mit Backpapier belegte Bleche setzen und die Kekse mit Eistreiche abpinseln. Bei 160 °C etwa 25 Minuten hell backen.

FÜR ETWA 70 KEKSE

 VERWENDETE FORMEN

› Herzstempel
  (im Bastelbedarf erhältlich)
› Ausstecher „Rechteck"

Süße Verführung

REZEPT

- Eiweißmasse für Spitzendekore
  (je nach Matte unterschiedliche Menge)
- 500 g weiße Kuvertüre
- etwa 30 g gefriergetrocknetes Karottenpulver
- evtl. fettlösliche orangefarbene Kakaobutterfarbe
- etwa 30 g getrocknete Apfelchips
- etwa 30 g ganze Pistazien

Für das Spitzenmuster die Rezeptzubereitung der Silikonmattenhersteller verwenden. Dann Spitzen herstellen (siehe Seite 49), hierfür allerdings die Spitze in der Silikonmatte belassen. Dann je Matte 500 g weiße Kuvertüre temperieren und mit gefriergetrocknetem Karottenpulver und gegebenenfalls fettlöslicher Kakaobutterfarbe orange einfärben. Gefärbte Kuvertüre gleichmäßig auf der Silikonmatte verstreichen und sofort mit den leicht zerbröselten, gefriergetrockneten Apfelchips sowie den Pistazien bestreuen. Sobald die Kuvertüre stabil ist, die Silikonmatte abziehen, in passende Stücke brechen und sofort luftdicht verpacken, da gefriergetrocknete Zutaten sehr schnell Feuchtigkeit ziehen.

FÜR ETWA 600 G SCHOKOLADENBRUCH

VERWENDETE FORMEN

- Silikon-Spitzendekormatten
  (z.B. von Sugarveil, Martellato oder Modecor)

Goldene Hochzeit

So ähnlich sah die Goldene-Hochzeitstorte meiner Eltern aus, und das Brautpaar sind tatsächlich die beiden. Viele ältere Brautpaare konnten sich in jungen Jahren nicht immer die Torte leisten, die sie gerne gehabt hätten, manche sogar überhaupt keine. Da sind Silberne oder sogar Goldene Hochzeiten die besten Möglichkeiten, das nachzuholen.

FÜR ETWA 30-40 PERSONEN

TORTE

3 Torten
je 6 cm hoch
Ø 20 cm, 26 cm, 32 cm

EMPFOHLENE TORTEN

Stabile Cremetorten (siehe Seite 246 bis 251)

ÜBERZUG

› Rollfondant oder Marzipan, etwa 600 g
› weiße Glanzglasur, etwa 300 g

VERWENDETE UTENSILIEN

› Schneidewalze
› Lebensmittellack
› Foto des Brautpaares
› Spezialfolie für Schokoladendruck
  (z.B. von Modecor oder Jacobi)

01 Eine Spezialfolie für Schokoladendruck mit dem spiegelverkehrten Bild des Brautpaares bedruckt.

02 Mit angestockter weißer Kuvertüre eine dünne Umrandung mithilfe einer Garniertüte um das Brautpaar aufbringen.

03 Den Bereich innerhalb der Linie mit temperierter weißer Kuvertüre auslassen.

04 Fertig ausgelassenes Bild kurz im Tiefkühler ankühlen und sobald es sich löst, in einem Schritt die Folie abziehen.

05 Fertiges Brautpaar.

DEKOR

› weiße Zuckerrosen (siehe Seite 222)
› mit Blattgold überzogene Kuvertürequadrate
› in Puderzucker gewälzte dragierte Mandeln
› Blattgold
› Fotodruck „Brautpaar"

BLATTGOLD-QUADRATE

› Blattgold
› weiße Kuvertüre

Für die Blattgold-Quadrate Blattgold gleichmäßig auf einer Folie verteilen. Dann mit temperierter weißer Kuvertüre gleichmäßig dünn bestreichen und anziehen lassen. Mithilfe einer Schneidewalze oder einem Lineal 3 cm x 3 cm große Quadrate schneiden. Sobald die Kuvertüre komplett stabil ist, kann man die mit Blattgold belegten Schokoladendekore abnehmen.

GEPUDERTE DRAGIERTE MANDELN

› dragierte weiße Mandeln
› Puderzucker

Für die weißen, gepuderten dragierten Mandeln fertige dragierte weiße Mandeln einfach mit etwas Lebensmittellack absprühen und in Puderzucker wälzen.

ZUCKERROSEN MIT BLÄTTERN

› Isomalt

2 Zuckerrosen und 6 Blätter aus Isomalt herstellen und trocken lagern. (siehe Seite 222 und 225)

FOTODRUCK „BRAUTPAAR"

› weiße Kuvertüre

Das Bild des Brautpaares drucken und mit temperierter weißer Kuvertüre auslassen. Auf einer Schokoladenplatte fixieren.

FERTIGSTELLUNG

Die gut gekühlte Torte dünn mit Marzipan oder Rollfondant mit weicher Kante eindecken (siehe Seite 260) und mit der nicht zu warmen weißen Glanzglasur überziehen. Kanten gut säubern und zum Zusammenbauen vorbereiten. Nach dem Zusammenbauen alle Dekore auf der Torte arrangieren.

GOLDENER HERBST

Torte **LILIEN**

Viele Kunden können es nicht fassen, dass diese feinen, so echt aussehenden Blüten aus Zucker gezogen sind. Dabei ist die Herstellung gar nicht so schwer – mit der richtigen Anleitung und Übung gelingen sie. Zuckerblumen sind vielfältig einsetzbar, immer ein ganz besonderer Blickfang und können, richtig gelagert, einige Zeit im Voraus hergestellt werden.

Zuckerblumen

Torte **MODERN STYLE**

Lilien

Auch, wenn dieser Tortenständer gerade etwas gegen den Trend geht, finde ich ihn sehr praktisch. Warum? Ich kann jedes Stockwerk einzeln dekorieren und wenn man den Dekor jeder Etage auf eine Zuckerplatte montiert, kann man ihn vor dem Aufschneiden der Torte sogar abnehmen. Den Dekor danach einfach wieder daraufstellen – so hat man immer sauber geschnittene Stücke und der Ständer sieht nicht wie ein Schlachtfeld aus.

FÜR ETWA 45-55 PERSONEN

TORTE

4 Torten
je 6 cm hoch
Ø 16 cm, 20 cm, 24 cm, 28 cm

EMPFOHLENE TORTEN

Stabile Cremetorten (siehe Seite 246 bis 251)

ÜBERZUG

› weißer Rollfondant, etwa 4-5 kg

VERWENDETE FORMEN UND UTENSILIEN

› Silikonstempel „Lilien" (z.B. von Cardin Deko)
› Airbrush
› Silikonform für Bordüre
› Schminkpinsel
› Modellierholz

STÄNDER

› z.B. von Jacobi Decor

REZEPTE

EXOTIC-WALDBEER-BUTTERKREMTORTE

Für 1 Torte (ø 28 cm)

KOKOS-DACQUOISE

- 300 g Eiweiß
- 100 g Zucker
- 50 g Mandelgrieß
- 250 g Puderzucker
- 200 g Kokosraspeln
- 50 g Mehl

Eiweiß mit Zucker zu Schnee schlagen. Mandelgrieß, Puderzucker, Kokosraspeln und Mehl mischen und vorsichtig unter den Schnee ziehen. Masse auf Backmatten streichen und bei 160 °C etwa 15 Minuten backen. Dann Ringe in entsprechendem Durchmesser der Torte ausstechen.

WALDBEERGELEE

- 4 Blatt Gelatine
- 250 g Waldbeerpüree (von Boiron)
- 30 g Zucker

Gelatine einweichen. Waldbeerpüree mit Zucker mischen und unter die ausgedrückte, aufgelöste Gelatine rühren. In Silikonformen mit etwa 1 cm Höhe und 26 cm Durchmesser gießen, tiefkühlen und ausformen.

FRANZÖSISCHE BUTTERKREM MIT EXOTICPÜREE

- 750 g Butter
- 300 g Vollei
- 250 g Zucker
- 200 g Exotic-Fruchtpüree (von Boiron)

Butter schaumig schlagen, dann Vollei und Zucker auf einem Wasserbad bei 85 °C zur Rose abziehen und wieder kalt und dabei schaumig schlagen. Anschließend Butter, Eier und Fruchtpüree mit dem Schneebesen vorsichtig mischen.

AUFBAU DER TORTE

Zuerst eine Dacquoise in einen Tortenring einlegen, dann mit einer tiefgekühlten Geleeschicht belegen. Mit etwas Butterkrem befüllen, dann den nächsten Boden auflegen. Auf diese Weise fortfahren, bis der Ring gefüllt ist. Die oberste Schicht sollte eine Butterkrem-Schicht sein.

Die fertigen Torten kühlen, anschließend ausformen und dünn mit Butterkrem einstreichen, bevor sie mit Rollfondant überzogen werden.

DEKOR

BLÜTEN

- gut durchgekneteter, gezogener Isomalt in Gelb und Weiß
- rosafarbene wasserlösliche Farbe

Es werden 6 Lilien benötigt (siehe Seite 215), davon 2 etwas mehr geschlossen und etwa 15 in Schleifentechnik gezogene Blätter (siehe Seite 169).

Die Blütenblätter werden bei dieser Torte mit einem Silikonstempel gemustert und vor dem Zusammensetzen mit dem Airbrush vom Ansatz der Blüte her im Verlauf zur Spitze hin geschminkt. Die fertigen Blüten und Blätter trocken lagern.

BORDÜRE

- lilafarbener Rollfondant
- perlmuttblaues Metallicpulver

Lilafarbenen Rollfondant auf 3 mm Stärke ausrollen und Streifen in der Breite der Silikonform zurechtschneiden. Silikonform mit Perlmuttblau-Metallicpulver auspudern und die Streifen hineinpressen. Ausformen und mit einem Schminkpinsel abpudern, dadurch bekommt der Rand einen noch intensiveren Glanz.

FERTIGSTELLUNG

Die gut gekühlten Torten mit weißem Rollfondant mit weicher Kante (siehe Seite 260) eindecken.

Den Rand der Torte mit etwas Wasser anfeuchten und die Bordüren anbringen. Gegebenenfalls die Trennlinien der einzelnen Quadrate mit einem Modellierholz noch etwas nachzeichnen.

Die Torten erst nach dem Transport auf dem Ständer fixieren. Dann die Blumen auf den Torten arrangieren. 3 Lilien auf der untersten Torte, 2 auf der nächsthöheren und eine jeweils auf den oberen beiden. Die Blätter in den Zwischenräumen der Blüten arrangieren. Es ist ratsam, immer einige Ersatzblumen sowie Ersatzblätter vorzubereiten.

ZUCKERBLUMEN 215

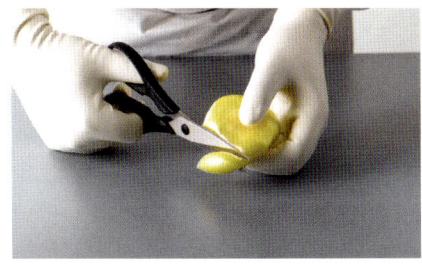
01 Von gut durchgeknetetem, gezogenen Isomalt einen gleichmäßigen temperierten Wulst abschneiden.

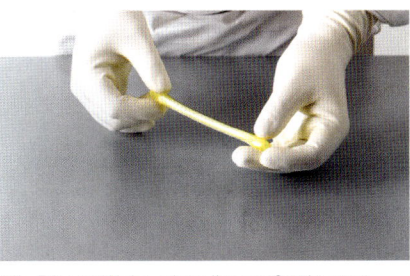
02 Diesen Wulst, ohne ihn großartig anzufassen, gleichmäßig auseinanderziehen.

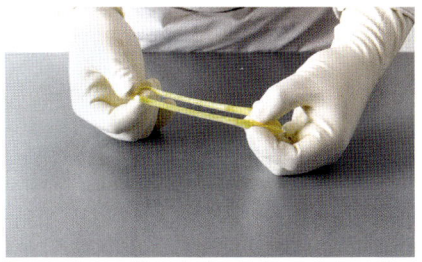
03 Gezogenen Faden so zusammenlegen, dass die Fäden sich nicht berühren. Mehrmals wiederholen und zu einer Schlaufe legen.

04 Am dünnen Ende mit einer Schere durchschneiden und so zusammenstauchen, dass sich die Enden leicht einrollen.

05 Fertiger, ausgekühlter Blütenstempel.

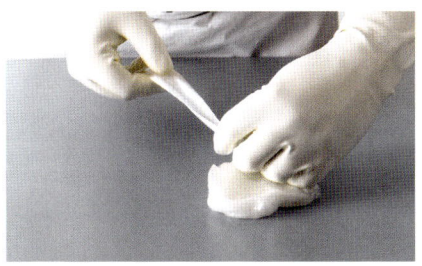
06 Aus weißem Isomalt ein gleichmäßig spitz zulaufendes Blatt ziehen.

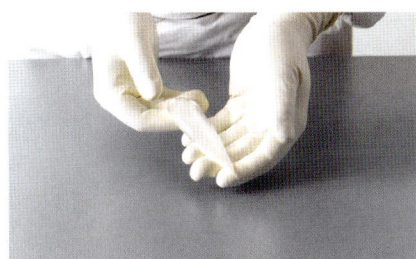
07 Fertig gezogenes Blatt.

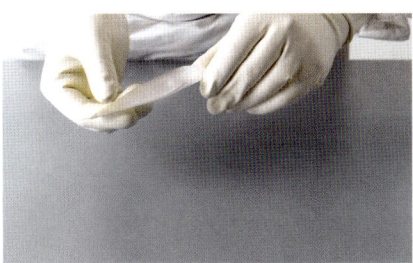
08 Das runde Ende spitz zusammenklappen.

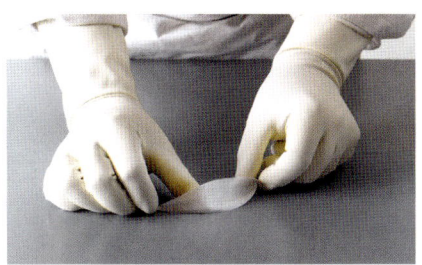
09 Das Blatt leicht gebogen auskühlen.

10 Auf diese Weise 5–6 Blätter herstellen.

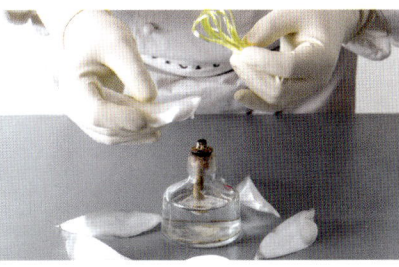
11 Die Blätter an der zusammengeklappten Seite über einer Flamme erwärmen.

12 Für eine sechsblättrige Blüte die Blätter immer in Dreiergruppen anbringen.

13 Fertige sechsblättrige Blüte.

14 Fertige fünfblättrige Blüte.

Modern Style

Diese Torte ist besonders imposant, nicht nur durch die großen Zuckerblüten, sondern auch durch ihren Ständer. Dieser ist besonders interessant, da er ganz einfach aus Styropor selbst hergestellt ist. Das kommt bei meinen Seminaren immer besonders gut an.

FÜR ETWA 45-50 PERSONEN

TORTE

4 Torten, je 5 cm hoch
Kantenlängen von oben nach unten:
16 cm, 22 cm, 28 cm

EMPFOHLENE TORTEN

Stabile Cremetorten (siehe Seite 246 bis 251), aber auch leichte Mousse- und Sahnetorten (siehe Seite 252 bis 255)

ÜBERZUG

› weiße Glanzganache, etwa 500 g

VERWENDETE FORMEN UND UTENSILIEN

› Dressiersack
› Winkelpalette
› Silikon-Halbkugelformen (Ø 2,5 cm)

STÄNDER

› Styroporplatten in der Stärke 5 cm / Säulenstärke 15 cm x 15 cm
› Draht
› Eiweißglasur
› Holzspieße

Styroporplatten und Styroporsäulen anzeichnen und mit einem heißen Draht zurechtschneiden. Zuerst die Oberseite der Platten mit Eiweißglasur einstreichen, dann die Seiten. Die Kanten glatt ziehen und die Seiten igeln. Von den Säulen nur die Seiten einstreichen und igeln. Die Platten mit Holzspießen auf den vorgesehenen Säulen fixieren. Die Bodenplatte oben und an den Seiten einstreichen und igeln. Dann die Säulen mit Holzspießen auf der Bodenplatte fixieren. Ständer komplett trocknen lassen (siehe Seite 219).

Die Torten und die Dekorblüten (siehe Seite 220 bis 229) erst am Veranstaltungsort auf dem Ständer platzieren.

REZEPTE

EXOTIC-BANANA-TORTE

ZIGARETTENMASSE FÜR DEKORBISKUIT

- 100 g Butter
- 100 g Puderzucker
- 100 g Eiweiß
- 100 g Mehl
- Lebensmittelfarbe in Rosa und Weiß

Butter und Puderzucker glatt rühren. Eiweiß und Mehl abwechselnd unterrühren, je einen Teil mit Lebensmittelfarbe einfärben. Mit einem Dressiersack Linien in einer Farbe auf eine Backmatte dressieren, die anderen Farben der Zigarettenmasse jeweils daneben dressieren. Die Linien mit einer Winkelpalette verstreichen. Dann den Dekorbiskuit auftragen. Je Matte mit den Maßen 60 cm x 40 cm werden etwa 600 g Dekorbiskuit benötigt. 10 Minuten bei 220 °C backen, dann sofort mit Zucker abstreuen und in die gewünschte Form schneiden. Reste können gut eingefroren werden.

DEKORBISKUIT

- 500 g Ei
- 375 g Mandelgrieß
- 375 g Puderzucker
- 100 g Mehl
- 325 g Eiweiß
- 75 g Zucker
- 75 g Butter

Ei, Mandelgrieß, Puderzucker und Mehl schaumig schlagen. Eiweiß und Zucker zu Schnee schlagen. Eischnee unter die Mandelmasse heben, Butter angleichen und unterziehen.

KOKOS-DACQUOISE

- 300 g Eiweiß
- 80 g Zucker
- 70 g Mandelgrieß
- 110 g Puderzucker
- 125 g Kokosraspeln
- 70 g Weizenpuder
- 35 g flüssige Butter

Eiweiß mit Zucker zu Schnee schlagen. Mandelgrieß, Puderzucker, Kokosraspeln und Weizenpuder mischen und vorsichtig unter den Schnee ziehen. Butter leicht angleichen und dann vorsichtig unter die Masse ziehen. In gewünschter Form max. 1 cm dick aufdressieren oder aufstreichen. Dacquoise bei 160 °C etwa 15 Minuten backen. Fertigen Boden in Größe der verwendeten Ringe zuschneiden.

BANANEN-PASSIONSFRUCHT-CREME

- 3 g Gelatine
- 60 g Vollei
- 60 g Eigelb
- 35 g Zucker
- 128 g Passionsfruchtpüree (von Boiron)
- 90 g Bananenpüree (von Boiron)
- 70 g Butter

Gelatine in kaltem Wasser einweichen, Ei mit Zucker aufschlagen, beide Pürees aufkochen und unter die Eier laufen lassen, Masse bei 85 °C pasteurisieren. Gelatine in der Masse auflösen und kalte Butter stückweise untermixen. Masse in Silikon-Halbkugelformen mit 2,5 cm Durchmesser füllen, einfrieren und ausformen.

SCHOKOLADENMOUSSE

- 45 g Zucker
- 45 g Wasser
- 65 g Eigelb
- 130 g aufgelöste dunkle Kuvertüre, 66 % Kakaogehalt
- 240 g geschlagene Sahne

Aus Zucker und Wasser einen Kettenflugsirup herstellen. Eigelb schaumig schlagen und in feinem Strahl unter den kochenden Sirup laufen lassen. Kalt schlagen. Dann die dunkle Kuvertüre unter die Eimasse ziehen und die halb geschlagene Sahne unterheben. In Silikonform füllen und tiefgefrieren. Dann ausformen.

ZUCKERBLUMEN

01 Styroporsäulen mit 15 cm Kantenlänge in der gewünschten Höhe rundherum mit einem Marker und Lineal anzeichnen.

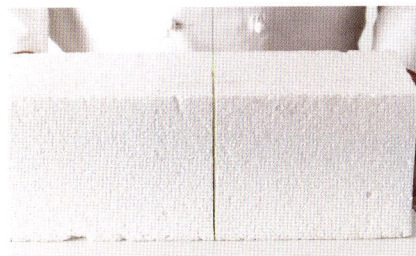

02 Mit einem heißen Draht zurechtschneiden.

03 Geteilte Styroporsäulen.

04 Die Eiweißglasur mit einem Spachtel gleichmäßig auftragen.

05 Die Glasur mit einer Palette igeln, solange sie noch weich ist.

06 Die Tortenplatten auf die gleiche Weise herstellen, die Oberfläche sollte allerdings glatt sein. Mit Holzspießen zusammenstecken.

BANANEN-ORANGEN-MOUSSE

› 20 g Gelatine
› 100 g frisch gepresster Orangensaft, zuzügl. Schale
› 280 g Bananenpüree (von Boiron)
› 300 g Zucker
› 150 g Wasser
› Mark von 1 Vanilleschote
› 150 g Eiweiß
› 380 g geschlagene Sahne

Gelatine in kaltem Wasser einweichen und quellen lassen, dann auspressen und im Orangensaft auflösen. Bananenpüree und Orangenschale zugeben. 250 g Zucker mit Wasser und Vanillemark zum Kettenflug kochen. Eiweiß mit 50 g Zucker zu Schnee schlagen, dann den kochenden Zucker in feinem Strahl einlaufen lassen. Eiweiß kalt ausschlagen, unter das Fruchtpüree mischen und die halb geschlagene Sahne unterziehen.

AUFBAU DER TORTE

Zuerst Dekorbiskuitränder in einen entsprechenden Ring einlegen, darauf die Dacquoise einlegen. Die Bananen-Passionsfruchtcreme-Einlage auf der Dacquoise verteilen und mit der Schokoladenmousse halb auffüllen. Erneut mit Dacquoise belegen und mit Bananen-Orangen-Mousse auffüllen. Tiefgefrieren und noch unausgeformt mit weißer Ganache abstreichen. Den Ring vorsichtig mit einem Gasbrenner erwärmen und ausformen.

Zuckerblüten

Auf den folgenden Seiten finden Sie eine große Auswahl an Zuckerblumen, die allesamt filigran und schön anzusehen sind und Hochzeitstorten ganz besonders schmücken. Jede Zuckerblüte haben wir in Einzelteilen gefertigt, aber gleichzeitig finden Sie Abbildungen der teilweise zusammengesetzten Blüten. Diese im Detail zu beschreiben erschien mir sinnlos, denn die Formen der einzelnen Blättchen etc. sind auf den Bildern gut zu erkennen. Wenn Sie die Herstellung von Zuckerblumen wirklich lernen wollen, brauchen Sie sehr viel Übung. Auch ist es häufig sinnvoll, einen Kurs zu belegen.

Zuckerkurse von renommierten Kursleitern werden überall angeboten – selbstverständlich auch von mir (www.bernd-siefert.de).

Zuckerblüten können Sie schon sehr lange im Voraus herstellen. Trocken gelagert halten sie sich nahezu ewig.

ROSE

FANTASIEBLUME

ZUCKERBLUMEN 223

LILIE

PFINGSTROSE

224 ZUCKERBLÜTEN

LILIE

MOHNBLUME

ZUCKERBLUMEN 225

VERSCHIEDENE GRÜNE BLÄTTER

CLEMATIS

DUNKELLILA ORCHIDEE

WEISSE ORCHIDEE

ZUCKERBLUMEN 227

CALLA

SONNENBLUME

PAPAGEIENBLUME

NARZISSE

ZUCKERBLUMEN

KIRSCHBLÜTE

GROSSE FANTASIEBLUME

Böden & Massen

GRUNDREZEPTUR FÜR NUSSBODEN-VARIANTEN

FÜR 14 BÖDEN (Ø 26 CM)

- 262 g Zucker
- 262 g Mandelstaub
- 665 g Eigelb
- 510 g Eiweiß
- Salz
- Abrieb von ¼ unbehandelten Zitrone
- 450 g Mehl, Type 405
- 100 g Weizenpuder
- 150 g flüssige Butter

VARIANTEN

Statt der Mandeln können folgende Zutaten zugegeben werden:

- 262 g Walnüsse, gerieben und leicht angeröstet und 50 g Cointreau
- 262 g Kokosraspeln und 50 g Rum
- 262 g Haselnüsse, gerieben und geröstet
- 262 g Maronenpüree und 50 g Kirschwasser
- 262 g Mandelstaub und 25 g Instantkaffee

Zucker, Mandelstaub, Eigelb, Eiweiß, Salz und Zitronenabrieb glatt rühren und anschließend für etwa 9 Minuten schaumig rühren. Mehl und Weizenpuder versieben und unter die Eimasse melieren. Die flüssige Butter mit etwas Masse angleichen und unter diese Masse ziehen. 1 cm starke Böden auf Backpapier streichen und bei 220 °C etwa 15 Minuten backen.

MANDELBROT-BODEN

FÜR 4 BÖDEN (Ø 26 CM)

- 100 g Marzipanrohmasse
- 140 g Eigelb
- 40 g Wasser
- 10 g Abrieb von unbehandelten Zitronen
- 1 ml Zimtpulver
- 1 ml Salz
- 240 g Eiweiß
- 140 g Zucker
- 40 g geriebene dunkle Kuvertüre, 70 % Kakaogehalt
- 40 g Mehl
- 40 g fein gehacktes Orangeat
- 140 g Mischbrot, geröstet und gerieben

Marzipanrohmasse kurz in der Mikrowelle erwärmen und mit Eigelb und Wasser glatt rühren. Zitronenabrieb und Zimtpulver zugeben, dann die Masse schaumig rühren. Salz mit Eiweiß schaumig schlagen, schrittweise den Zucker zugeben und zu einem stabilen Schnee schlagen. Dunkle Kuvertüre gut mit Mehl, Orangeat und Mischbrot mischen. Dann abwechselnd den Eischnee und das Mehlgemisch unter die Marzipanmasse melieren. 1 cm starke Böden auf Backpapier streichen und bei 200 °C etwa 15 Minuten backen.

MANDELMÜRBTEIG-BODEN (z.B. FÜR MIGNONTORTE)

FÜR 5 BÖDEN (Ø 26 CM)

- 350 g Butterfett
- 180 g Puderzucker
- 3 g Meersalz
- 5 g Abrieb von unbehandelten Zitronen
- Mark von 1 Vanilleschote
- 100 g Ei
- 550 g Mehl
- 150 g Mandelstaub

Butterfett, Puderzucker, Meersalz und Gewürze glatt arbeiten, dann Ei und Mehl mit Mandelstaub kurz bröselig unterkneten. Den Teig in Folie gewickelt im Kühlschrank durchkühlen. Dann kurz durchwirken, mit etwas Mehl 3 mm stark ausrollen und Tortenböden ausstechen. Auf Backpapier etwa 25 Minuten bei 160 °C backen.

HASELNUSSBAISER-BODEN

FÜR 6 BÖDEN (Ø 26 CM)

- 320 g Eiweiß
- 1 Prise Salz
- 480 g Zucker
- 200 g Haselnüsse, gerieben und geröstet
- 75 g Weizenpuder
- 5 g gemahlene Zimtblüten

Eiweiß mit Salz und Zucker auf einem Wasserbad unter ständigem Schlagen auf etwa 35 °C erwärmen. Dann vom Wasserbad nehmen und so lange weiterschlagen, bis die Masse kalt und stabil ist. Beim Wasserbad darauf achten, dass nur der Wasserdampf an den Kessel kommt, da sonst das Eiweiß gerinnen kann. Haselnüsse, Weizenpuder und Zimtblüten mischen und vorsichtig unter den Eischnee heben.

Dann mithilfe eines Spritzbeutels und einer 8er-Lochtülle spiralförmig auf Backpapier dressieren, bei 150 °C etwa 25 Minuten anbacken und bei 80 °C trocknen. Dieser Vorgang kann mehrere Stunden dauern.

GRILLAGE-BODEN

FÜR 4 BÖDEN (Ø 26 CM)

- 200 g Eiweiß
- 1 Prise Salz
- 350 g Zucker
- 2 g gemahlene Zimtblüten
- 20 g Mehl, Type 405
- 150 g fein gehackter Krokant

Eiweiß mit Salz schaumig schlagen, dann nach und nach den Zucker einrieseln lassen und zu einem stabilen Schnee schlagen. Die Zimtblüten mit dem Mehl versieben, mit der Hälfte des Krokants mischen und unter den Eischnee heben. Masse mithilfe eines Spritzbeutels und einer 8er-Lochtülle spiralförmig auf Backpapier dressieren, mit der zweiten Hälfte des Krokants abstreuen und bei 120 °C etwa 30 Minuten backen. Im Wärmeschrank über Nacht trocknen lassen.

Sobald die Grillageböden ausgekühlt sind, sollte man sie beidseitig mit Sprühkuvertüre absprühen. So verhindert man ein vorzeitiges Weichwerden.

MANDEL-JAPONAISE-BODEN

FÜR 8 BÖDEN (Ø 26 CM)

- 450 g Eiweiß
- 2 g Meersalz
- 370 g Zucker
- Mark von 1 Vanilleschote
- 5 g Abrieb von unbehandelten Zitronen
- 370 g geriebene Mandeln
- 150 g Mehl, Type 550

Eiweiß mit Meersalz schaumig schlagen, dann nach und nach den Zucker einrieseln lassen und zu einem stabilen Schnee weiterschlagen. Gewürze und Mandeln mit dem gesiebten Mehl vermischen und vorsichtig unter den Eischnee melieren. Mithilfe eines Spritzbeutels und einer 8er-Lochtülle spiralförmig auf Backpapier dressieren und für sehr saftige Böden bei 200 °C etwa 10 Minuten backen. Nach halber Backzeit den Zug öffnen.

HERRENTORTEN-BODEN

FÜR 5 BÖDEN (Ø 26 CM)

- 185 g Butter
- 120 g Eigelb
- Mark von ½ Vanilleschote
- Abrieb von ½ unbehandelten Zitrone
- 185 g Eiweiß
- 90 g Weizenpuder
- 160 g Zucker
- 1 g Salz
- 90 g Weizenmehl, Type 405
- 3 g Backpulver
- nach Belieben Kakaobohnenbruch oder andere backfeste Aufstreuprodukte

Butter mit Eigelb, Vanillemark und Zitronenabrieb schaumig schlagen. Dann Eiweiß mit der Hälfte des Weizenpuders, Zucker und Salz zu einem stabilen Schnee schlagen. Die restlichen trockenen Zutaten mischen und alles abwechselnd melieren. Masse auf Böden aufstreichen bei 210 °C etwa 15 Minuten backen. Nach Belieben etwa 25 g Kakaobohnenbruch oder andere Zutaten aufstreuen.

MANDELKROKANT-BISKUIT

FÜR 5 BÖDEN (Ø 26 CM)

› 200 g Eigelb
› 130 g Zucker
› 380 g Eiweiß
› 100 g Zucker
› 150 g Mehl
› 150 g zerlassene Butter
› 120 g gehackter Krokant

Eigelb und Eiweiß jeweils getrennt mit der jeweiligen Zuckermenge stabil aufschlagen, beide Massen abwechselnd mit dem Mehl vorsichtig melieren, Butter zum Schluss leicht angleichen und unterziehen. Mithilfe eines Spritzbeutels und einer 8er-Lochtülle spiralförmig auf Backpapier dressieren und gehackten Krokant aufstreuen. Bei 200 °C etwa 12 Minuten backen.

MANDEL-OLIVENÖL-BISKUIT

FÜR 5 BÖDEN (Ø 26 CM)

› 60 g Weizenmehl
› 10 g Backpulver
› 200 g Zucker
› 300 g Ei
› 100 g Olivenöl
› 200 g geröstete Mandeln, geschält und leicht gemahlen
› Abrieb von 2 unbehandelten Mandarinen
› 2 g Salz

Mehl und Backpulver mischen. Die restlichen Zutaten zugeben und rasch mithilfe eines Rührgerätes vermischen. Etwa 5 Minuten auf höchster Stufe aufschlagen. Die Masse gleichmäßig in einer vorbereiteten Form verteilen und bei 180 °C etwa 25 Minuten backen.

KOKOS-GRÜNTEE-DACQUOISE

FÜR 6 BÖDEN (Ø 26 CM)

› 300 g Eiweiß
› 1 Prise Meersalz
› 80 g Zucker
› 70 g Mandelstaub
› 110 g Puderzucker
› 125 g Kokosraspeln
› 50 g Weizenpuder
› 20 g Grünteepulver
› 35 g flüssige Butter

Eiweiß mit Meersalz schaumig schlagen, dann den Zucker einrieseln lassen und zu einem stabilen Schnee schlagen. Mandelstaub, Puderzucker, Kokosraspeln und Weizenpuder mit Grünteepulver versieben und mischen, dann vorsichtig unter den Schnee ziehen. Butter leicht angleichen und ebenfalls vorsichtig unter die Masse ziehen. Mithilfe eines Spritzbeutels und einer 8er-Lochtülle spiralförmig auf Backpapier dressieren und bei 160 °C etwa 15 Minuten backen.

HIMBEER-MACARON-BODEN

FÜR 5 BÖDEN (Ø 26 CM)

› 240 g Eiweiß
› 500 g Puderzucker
› 60 g Weizenpuder
› 200 g Mandelpulver
› 40 g gefriergetrocknetes Himbeerpulver
› rosafarbenes Lebensmittelfarbkonzentrat

120 g Eiweiß mit 250 g Puderzucker zu einem stabilen Schnee schlagen. Die restlichen Zutaten nach Bedarf mit etwas rosafarbenem Lebensmittelfarbkonzentrat zu einer pastösen Masse vermischen. Den Schnee in 3 Schritten unter diese ziehen, sodass eine glänzende, leicht fließende Masse entsteht. Anschließend mithilfe eines Spritzbeutels und einer 8er-Lochtülle Böden auf Backpapier dressieren. Bei 160 °C etwa 15–20 Minuten backen.

KOKOS-DACQUOISE

FÜR 5 BÖDEN (Ø 26 CM)

› 300 g Eiweiß
› 2 g Meersalz
› 80 g Zucker
› 70 g Mandelstaub
› 110 g Puderzucker
› 125 g Kokosraspeln
› 70 g Weizenpuder
› 35 g flüssige Butter

Eiweiß mit Meersalz schaumig schlagen, den Zucker einrieseln lassen und zu einem stabilen Schnee schlagen. Mandelstaub, Puderzucker, Kokosraspeln und Weizenpuder mischen und vorsichtig unter den Schnee ziehen. Butter leicht angleichen und vorsichtig unter die Masse ziehen. Mithilfe eines Spritzbeutels und einer 8er-Lochtülle spiralförmig auf Backpapier dressieren. Dacquoise bei 160 °C etwa 15 Minuten backen.

SCHOKOLADEN-BODEN OHNE MEHL

FÜR 5 BÖDEN (Ø 26 CM)

› 140 g Marzipanrohmasse
› 140 g Eigelb
› 230 g Eiweiß
› 2 g Meersalz
› 230 g Zucker
› 70 g Kakaopulver

Marzipan in der Mikrowelle kurz erwärmen, mit dem Eigelb verrühren und schaumig schlagen. Dann Eiweiß mit dem Meersalz schaumig schlagen, den Zucker nach und nach einrieseln lassen und zu einem stabilen Schnee schlagen.

Beide Massen abwechselnd mit dem Kakaopulver melieren und mithilfe eines Spritzbeutels und einer 8er-Lochtülle spiralförmig auf Backpapier dressieren. Bei 180 °C etwa 15 Minuten backen.

KAKAO-PISTAZIEN-BODEN

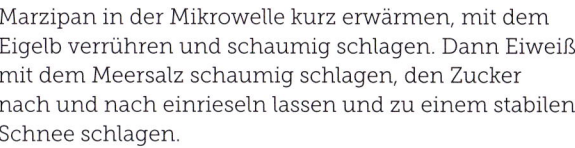

FÜR 5 BÖDEN (Ø 26 CM)

› 150 g Marzipanrohmasse
› 30 g Wasser
› 100 g Eigelb
› 5 g Abrieb von unbehandelten Zitronen
› 200 g Eiweiß
› 2 g Meersalz
› 100 g Zucker
› 60 g schwach entöltes Kakaopulver
› 25 g Weizenpuder
› 60 g fein geriebene Pistazien

Marzipanrohmasse in der Mikrowelle leicht erwärmen und mit Wasser, Eigelb und Zitronenabrieb glatt rühren, dann schaumig schlagen. Eiweiß mit Meersalz schaumig schlagen, dann Zucker einrieseln lassen und zu einem stabilen Schnee schlagen. Kakaopulver mit dem Weizenpuder versieben und die Pistazien untermischen. Dann Marzipanmasse mit dem Eischnee und dem Kakaopulvergemisch melieren. Masse mithilfe eines Spritzbeutels und einer 8er-Lochtülle spiralförmig auf Backpapier dressieren und bei 200 °C etwa 15 Minuten backen.

BRANDMASSE FÜR FLOCKENBODEN

FÜR 12 BÖDEN (Ø 26 CM)

› 220 g Wasser
› 100 g Butter
› 3 g Salz
› 1 Prise Muskatblüte
› 150 g Mehl, Type 405
› 600 g Ei

Wasser mit Butter und Salz am besten in einem Kupferkessel aufkochen. Muskatblüte und Mehl einrühren und solange abrösten, bis sich ein Teigklumpen bildet. Diese Masse sofort in einen größeren Edelstahlkessel umfüllen, auseinanderbreiten und auskühlen lassen. Dann schrittweise die Eier unterrühren. Die vollkommen glatte Masse mit einer Schablone auf gefettete Bleche (etwa 80 g je Tortenboden) aufstreichen und bei 180 °C etwa 25 Minuten knusprig backen.

ZWEIFARBIGE BAUMKUCHENMASSE-BODEN

FÜR 1 BODEN (Ø 26 CM)

- 100 g Marzipanrohmasse
- 200 g Eigelb
- 15 g Abrieb von unbehandelten Zitronen
- 1 g Kardamompulver
- Mark von 1 Vanilleschote
- 250 g Butter
- 230 g Zucker
- 400 g Eiweiß
- 1 Prise Meersalz

- 50 g Mehl
- 90 g Weizenpuder
- 6 g Backpulver

- 30 g Mehl
- 40 g Weizenpuder
- 50 g Kakaopulver
- 6 g Backpulver

Marzipanrohmasse kurz in der Mikrowelle erwärmen, dann mit Eigelb und den Gewürzen glatt rühren. Butter und 80 g Zucker schaumig rühren und unter die Marzipanmasse rühren. Eiweiß mit dem Meersalz schaumig schlagen und nach und nach 150 g Zucker einrieseln lassen und zu einem stabilen Schnee schlagen. Diesen Eischnee unter die Marzipan-Buttermasse heben und in 2 gleiche Teile separieren. Dann jeweils Mehl, Weizenpuder und Backpulver sowie Mehl, Weizenpuder, Kakaopulver und Backpulver separat versieben und in die geteilte Masse melieren.

Zuerst die dunkle Masse in je 3 Schichten dünn in eine gefettete und gemehlte Springform geben und im Backofen nur mit Oberhitze Schicht für Schicht so abflämmen, dass jede Schicht gerade so gebacken ist. Die Backzeit beträgt je Schicht etwa 5 Minuten bei 220 °C Grillfunktion.

Mit der hellen Masse ebenso verfahren. Dieses schichtweise Backen so oft wiederholen, bis die komplette Masse aufgebraucht ist.

SACHER-BODEN BERND SIEFERT ART

FÜR 1 BODEN (Ø 26 CM, 4 CM HÖHE)

- 250 g flüssige dunkle Kuvertüre, 70% Kakaogehalt
- 200 g Butter
- 25 g Puderzucker
- 1 ml Zimt
- ½ ml Nelkenpulver
- 5 g Abrieb von unbehandelten Zitronen
- 130 g Eigelb
- 200 g Zucker
- 180 g Eiweiß
- 5 g Salz
- 120 g Mehl
- 4 g Backpulver
- 30 g geriebene Mandeln

Dunkle Kuvertüre mit Butter, Puderzucker und den Gewürzen schaumig rühren. Eigelb mit 50 g Zucker schaumig schlagen, dann Eiweiß mit dem Salz schaumig schlagen. Schrittweise die 150 g Zucker einrieseln lassen und zu einem stabilen Schnee schlagen. Mehl mit Backpulver versieben und die Mandeln untermischen. Unter die Buttermasse zuerst die Eigelbmasse heben, dann abwechselnd den Eischnee mit der Mehlmischung untermelieren. Die Masse in einen vorbereiteten Ring geben und bei 180 °C für etwa 50 Minuten bei geschlossenem Zug anbacken. Zum Schluss für 10 Minuten bei 200 °C fertig backen. Dadurch blättert die Haut nicht so leicht ab.

WIENERMASSE-BODEN (HELL)

FÜR 2 BÖDEN (Ø 26 CM, 5 CM HÖHE)

- 200 g Eigelb
- 420 g Eiweiß
- 300 g Zucker
- 5 g Abrieb von unbehandelten Zitronen
- 5 g Vanilleessenz
- 2 g Meersalz
- 150 g Mehl
- 150 g Weizenpuder
- 150 g Butter, heiß und flüssig

Eigelb mit Eiweiß, Zucker und den Gewürzen über einem Wasserbad zuerst auf 45 °C warm schlagen, dann vom Wasserbad nehmen und bei hoher Geschwindigkeit aufschlagen. Dann etwa 10 Minuten mit langsamer Geschwindigkeit kalt zu einem stabilen, feinporigen Schaum schlagen. Mehl mit Weizenpuder versieben und unter den Eischaum melieren, dann etwas Masse mit der heißen Butter mischen und unter die restliche Masse heben. Bei 180 °C etwa 10 Minuten anbacken und bei 160 °C etwa 30 Minuten fertig backen. Nach dem Backen stürzen, damit der Tortenboden gleichmäßig hoch wird.

WIENERMASSE-BODEN (DUNKEL)

FÜR 2 BÖDEN (Ø 26 CM, 5 CM HÖHE)

› 200 g Eigelb
› 450 g Eiweiß
› 300 g Zucker
› 5 g Abrieb von unbehandelten Zitronen
› 5 g Vanilleessenz
› 2 g Meersalz
› 110 g Mehl
› 110 g Weizenpuder
› 70 g Kakaopulver, schwach entölt
› 160 g Butter, heiß und flüssig

Eigelb mit Eiweiß, Zucker und den Gewürzen über einem Wasserbad zuerst auf 45 °C warm schlagen, dann vom Wasserbad nehmen und bei hoher Geschwindigkeit aufschlagen. Dann etwa 10 Minuten mit langsamer Geschwindigkeit kalt zu einem stabilen, feinporigen Schaum schlagen. Mehl mit Weizenpuder und Kakaopulver versieben und unter den Eischaum melieren, dann etwas Masse mit der heißen Butter mischen und unter die restliche Masse heben. Bei 180 °C etwa 10 Minuten anbacken und bei 160 °C etwa 30 Minuten fertig backen. Nach dem Backen stürzen, damit der Tortenboden gleichmäßig hoch wird.

NUSSBISKUIT-BODEN

FÜR 2 BÖDEN (Ø 22 CM, 5 CM HÖHE)

› 200 g Eigelb
› 80 g Zucker
› Mark von 1 Vanilleschote
› 5 g Abrieb von unbehandelten Zitronen
› 2 g Zimtpulver
› 300 g Eiweiß
› 2 g Meersalz
› 170 g Zucker
› 200 g Mehl, Type 405
› 100 g fein geriebene Haselnüsse

Eigelb, Zucker und Gewürze schaumig schlagen. Eiweiß mit Meersalz schaumig schlagen, dann den Zucker nach und nach einrieseln lassen und zu einem stabilen Schnee schlagen. Mehl sieben und mit den geriebenen Haselnüssen mischen. Eigelbmasse mit dem Eischnee und dem Nussmehl vorsichtig melieren. In Ringe füllen und bei 200 °C etwa 30 Minuten backen. Nach dem Backen auf Backpapier stürzen.

MOHN-BODEN

FÜR 1 BODEN (Ø 26 CM)

› 40 g Marzipanrohmasse
› 120 g Eigelb
› 210 g Zucker
› Mark von 1 Vanilleschote
› 0,5 g Zimt
› 2 g Salz
› Abrieb von 1 unbehandelten Zitrone
› 170 g Butter
› 140 g Eiweiß
› 160 g Zucker
› 160 g gemahlener Mohn
› 140 g Weizenmehl, Type 550
› 90 g Weizenpuder

› 40 g gehackte Mandeln
› 30 g Orangeat
› 70 g Rum-Rosinen

Marzipanrohmasse in der Mikrowelle leicht erwärmen und klumpenfrei mit dem Eigelb schaumig rühren. Dann 50 g Zucker, und Gewürze sowie Butter unterrühren und weiter schaumig schlagen. Eiweiß und 160 g Zucker zu einem stabilen Schnee schlagen. Restliche Zutaten mischen und anschließend abwechselnd den Eischnee sowie die Mohn-Mehlmischung unter die Buttermasse melieren. Masse in einen vorbereiteten Ring einfüllen und an den Seiten nach oben streichen. Bei 180 °C etwa 40 Minuten backen.

Variante: Vor dem Backen 200 g bemehlte Amarenakirschen unter die Masse heben.

DOBOS-BODEN

FÜR 5 BÖDEN (Ø 26 CM)

- 130 g Eigelb
- 60 g Zucker
- Mark von 1 Vanilleschote
- 60 g geschlagene Sahne
- 140 g Eiweiß
- 2 g Meersalz
- 60 g Zucker
- 60 g Mehl
- 60 g Weizenpuder

Eigelb mit Zucker und Vanillemark schaumig schlagen, Sahne unterziehen. Eiweiß mit dem Meersalz schaumig schlagen, den Zucker einrieseln lassen und zu einem stabilen Schnee schlagen. Mehl mit dem Weizenpuder versieben. Dann Eigelbmasse mit dem Eischnee unter das Mehlgemisch melieren. Die Masse mit einer Schablone auf Backpapier aufstreichen und bei 210 °C etwa 15 Minuten backen.

HIMBEER-MANDEL-BODEN

FÜR 1 BODEN (Ø 26 CM)

- 375 g Marzipanrohmasse
- 225 g Vollei
- 50 g Eigelb
- 85 g Mehl, Type 550
- 2,5 g Backpulver
- 115 g flüssige Butter
- 100 g Himbeeren, gefroren und klein gebröselt

Marzipanrohmasse in der Mikrowelle erwärmen und mit Vollei und Eigelb zuerst glatt, dann schaumig schlagen. Mehl mit Backpulver versieben, untermelieren und die Butter unter die Masse ziehen. Erst zum Schluss kurz die Himbeeren unterziehen. In die Form füllen und etwa 20 Minuten bei 200 °C backen.

KAROTTENKUCHEN-BODEN

FÜR 1 BODEN (Ø 26 CM)

- 100 g Eigelb (etwa 5 Stück, Klasse M)
- 200 g Zucker
- Saft und Abrieb von 1 unbehandelten Zitrone
- 300 g fein geriebene Karotten
- 250 g geriebene Haselnüsse oder Mandeln
- 1 TL Zimtpulver
- 1 Msp. Nelkenpulver
- 50 g Butter
- 150 g Eiweiß (etwa 5 Stück, Klasse M)
- 1 Prise Salz
- ½ TL Backpulver
- 75 g Mehl

Eine Springform buttern, mit Semmelbröseln bestäuben und kalt stellen. Den Backofen auf 175 °C vorheizen. Eigelb mit 100 g Zucker zu einer hellen, schaumigen Creme aufschlagen. Zitronensaft und -abrieb, Karotten, Nüsse und Gewürze dazugeben und unterrühren.

Die Butter schmelzen. Eiweiß mit Salz und Backpulver steif schlagen. Weitere 100 g Zucker einrieseln lassen und weiter schlagen, bis die Masse glänzt. Eischnee und Mehl abwechselnd auf die Eigelb-Schaummasse geben und vorsichtig unterheben. In die Form füllen, dann im unteren Teil des Ofens 45-50 Minuten backen (Stäbchenprobe!).

ENGLISCHER FRÜCHTEKUCHEN

FÜR 1 BODEN (Ø 26 CM)

- 40 g Ingwer, kandiert und gehackt
- 360 g kandierte Kirschen
- 320 g Sultaninen
- 450 g Rosinen
- 550 Korinthen
- 225 g Brandy
- 250 g Butter
- 260 g Rohrzucker
- 15 g Zuckerrübensirup
- 250 g Ei
- 240 g Mehl, Type 405
- ½ TL Backpulver
- ½ TL Zimtpulver
- ½ TL Ingwerpulver
- ½ TL geriebene Muskatnuss
- ¼ TL Nelkenpulver
- ½ TL Piment
- Mark von 1 Vanilleschote

Ingwer, Kirschen, Sultaninen, Rosinen und Korinthen mit dem Brandy mischen und mindestens über Nacht zugedeckt ziehen lassen. Butter mit Rohrzucker schaumig rühren, dann Zuckerrübensirup und nach und nach die Eier unterrühren. Mehl mit Backpulver und Gewürzen versieben und vorsichtig die Früchte untermischen. Diese unter die Buttermasse melieren. Die Masse in eine vorbereitete, mit Backpapier ausgelegte Springform einfüllen und bei 140 °C etwa 60 Minuten anbacken, dann bei 120 °C etwa 1 weitere Stunde fertig backen.

DUNKLE SANDMASSE

FÜR 1 BODEN (Ø 26 CM)

- 185 g Butter
- 35 g Akazienhonig
- 185 g Zucker
- Mark von 1 Vanilleschote
- Abrieb von ½ unbehandelten Zitrone
- 1 Prise Salz
- 110 g Milch
- 185 g Ei
- 260 g Mehl
- 55 g Weizenpuder
- 12 g Backpulver
- 100 g Kakaomasse
- 50 g Wasser

Butter mit Honig, Zucker, Vanillemark, Zitronenabrieb und Salz schaumig rühren. Milch mit Ei mischen und die restlichen trockenen Zutaten miteinander versieben. Die beiden Mischungen abwechselnd unter die Buttermasse rühren. Kakaomasse und Wasser getrennt erwärmen und zusammen glatt rühren. Dann unter die Buttermasse rühren. So bekommt man einen schönen Schokoladengeschmack. Die Masse in eine vorbereitete Springform geben und an den Seiten nach oben streichen. Dann bei 180 °C 35-45 Minuten backen.

HELLE SANDMASSE

FÜR 1 BODEN (Ø 26 CM)

- 185 g Butter
- 35 g Akazienhonig
- 185 g Zucker
- Mark von 1 Vanilleschote
- Abrieb von 1 unbehandelten Zitrone
- 1 Prise Salz
- 185 g Ei
- 110 g Milch
- 260 g Mehl
- 55 g Speisestärke
- 12 g Backpulver

Butter mit Akazienhonig, Zucker und den Gewürzen schaumig rühren. Ei und Milch mischen und eine kleine Menge davon zur Buttermasse geben. Mehl, Speisestärke und Backpulver mischen, sieben und im Wechsel mit der Eiermilch zur Masse geben. Masse in eine vorbereitete Springform geben und an den Seiten nach oben streichen. Bei 180 °C 35-45 Minuten backen. Um zu testen, ob der Kuchen durchgebacken ist, am besten die Stäbchenprobe machen. Oder mit einem Kernthermometer arbeiten.

ACHTUNG Die Masse nicht zu schaumig rühren, da der Kuchen sonst überlaufen kann.

SCHWERE SANDMASSE

FÜR 1 BODEN (Ø 26 CM)

- 250 g Butter
- 250 g Puderzucker
- Mark von 1 Vanilleschote
- Abrieb von ½ unbehandelten Zitrone
- 1 ml Salz
- 250 g Vollei
- 60 g Eigelb
- 150 g Mehl
- 150 g Weizenpuder
- 4 g Backpulver

Butter und Puderzucker mit den Gewürzen schaumig rühren. Vollei und Eigelb mischen und eine kleine Menge davon zur Buttermasse geben. Mehl, Weizenpuder und Backpulver mischen, sieben und im Wechsel mit der Eiermilch zur Masse geben. Masse in eine vorbereitete Springform geben und an den Seiten nach oben streichen. Dann bei 180 °C 35-45 Minuten backen.

LEICHTE ORANGENSANDMASSE

FÜR 1 BODEN (Ø 26 CM)

- 150 g Marzipanrohmasse
- 120 g Eigelb
- Mark von 1 Vanilleschote
- Abrieb von 1 unbehandelten Orange
- 150 g Eiweiß
- 100 g Zucker
- 1 Prise Salz
- 140 g Mehl
- 60 g Mandeln, geschält und sehr fein gemahlen
- 60 g flüssige Butter

Marzipan in der Mikrowelle erwärmen, mit Eigelb und Gewürzen klumpenfrei verrühren, dann schaumig schlagen. Eiweiß mit Zucker und Salz zu einem stabilen Schnee schlagen. Eischnee und trockene Zutaten abwechselnd unter die Eimasse melieren. Butter mit etwas Masse angleichen. Angeglichene Butter vorsichtig unter die Masse ziehen. Dann die Masse in eine vorbereitete Springform geben und an den Seiten nach oben streichen. Bei 180 °C 35-45 Minuten backen.

Cremes, Mousses, Füllungen & Ganaches

BUTTERKREM

WISSENSWERTES ÜBER BUTTERKREM

Für Butterkrem darf kein anderes Fett verwendet werden außer Butter. Sobald ein anderes verwendet wird, z.B. um die Krem leichter zu machen, wird aus der Butterkrem eine Fettkrem.

Die Butter vor dem Schaumigschlagen leicht temperieren. Dann maximal aufschlagen. Dadurch wird die Krem homogen, locker und leichter verdaulich. Die Beigabemassen, z. B. Eiermasse, Eischnee und Aromate sollten bei gleicher Temperatur zur Buttermasse gegeben werden, sonst kann es zum Blockieren oder Gerinnen der Masse kommen.

Durch den Eianteil muss Butterkrem immer gut gekühlt gelagert werden. Sie kann zur Lagerung auch eingefroren und zur erneuten Verarbeitung auf Zimmertemperatur gebracht – gegebenenfalls auf dem Herd kurz erwärmt und dann wieder schaumig geschlagen – werden.

Butterkrem zum perfekten Einstreichen und Garnieren von Torten sollte durch ein feines Sieb passiert und mit einer Winkelpalette tabliert werden. So wird die Krem besonders glatt, verliert aber an Luftigkeit. Butterkrems eignen sich sehr gut als Füllung für stabile Hochzeitstorten, da sie beim Kühlen erstarren.

Im Idealfall sollte ein Stück Butterkremtorte vor dem Servieren kurz auf Zimmertemperatur erwärmt werden, um den vollen Geschmack zu entfalten. Am besten in der Mikrowelle, was bei einer großen Hochzeitsgesellschaft natürlich fast unmöglich ist.

FRANZÖSISCHE BUTTERKREM – MEINE LIEBLINGSBUTTERKREM

Perfekt als Füllkrem, auch für mit Fondant überzogene Petits-Fours, da diese den Fondant nicht auflöst. Sehr aromatisch und ausgewogen im Geschmack.

› 550 g Butter
› 235 g Ei
› 2 g Meersalz
› 215 g Zucker

Butter maximal schaumig schlagen. Ei mit Salz und Zucker verrühren und im Wasserbad auf 85 °C erwärmen. Dann in einer Küchenmaschine kalt schlagen. Der Schaum sollte sehr stabil sein. Diesen Schaum unter die Butter heben und je nach Geschmack als Fruchtvariante aromatisieren.

FRUCHTVARIANTEN

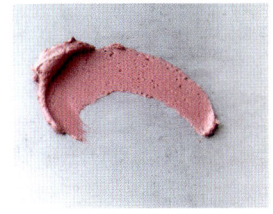

je etwa 150 g Fruchtpüree sowie etwas Fruchtsäure auf 1 kg Butterkrem geben. Empfehlenswerte Früchte: Erdbeeren, Himbeeren, Heidelbeeren, Brombeeren, Cassis, Waldbeeren, Sauerkirschen, Mango, Aprikosen, abgekochte Ananas.

NUSSVARIANTEN

je etwa 100 g Nusspaste auf 1 kg Butterkrem geben. Empfehlenswerte Nusssorten: Walnuss, Haselnuss, Pistazie, Pinie, Macadamia.

MIT ALKOHOL AROMATISIERTE VARIANTEN

Kirschwasser, Rum, Arrak, Maraschino, Himbeergeist … Grundsätzlich gilt: Je geschmacksintensiver ein Aromastoff, desto vorsichtiger sollte dosiert werden. Denken Sie immer daran: Sie können noch mehr zugeben, aber nichts mehr reduzieren.

ANDERE VARIANTEN

Schokolade, Nougat, Mokka, Vanille, Zimt, Lebkuchengewürz, Tonkabohne – hier sind die Möglichkeiten fast unendlich. Die genaue Dosierung der Beigabe muss individuell getestet werden.

DEUTSCHE BUTTERKREM

Die deutsche Butterkrem ist nicht so süß. Ich empfehle sie für Varianten wie z.B. Blutorangenbutterkrem, Kaffeebutterkrem, Maracujabutterkrem, Mandarinenbutterkrem. Hier wird die im Rezept genannte Flüssigkeit (500 g) ganz oder teilweise durch den Saft ersetzt. Das gibt der Krem einen sehr runden, kräftigen Geschmack. Durch die Verwendung von gewürzter Milch entstehen auch sehr leckere Gewürzbutterkrems.

› 500 g Flüssigkeit (Saft, Wein oder Milch)
› 100 g Zucker
› 40 g Speisestärke
› 40 g Eigelb
› 2 g Meersalz
› 320 g Butter

Flüssigkeit aufkochen. Zucker mit Stärke, Eigelb und Meersalz schaumig schlagen. Sobald die Flüssigkeit kocht, mit einem Schneebesen unter die Zuckermasse schlagen, dann erneut aufkochen. Auf ein Blech gießen, mit Folie abdecken und erkalten lassen. In der Zwischenzeit die Butter maximal schaumig schlagen. Die kalte, gekochte Krem durchrühren, gegebenenfalls durch ein Sieb passieren und unter die Butter heben. Nach Geschmack aromatisieren.

ENGLISCHE BUTTERKREM

Diese Krem ist sehr leicht herzustellen. Durch das Fehlen von Eiern ist sie risikoarm und durch den hohen Zuckeranteil sehr lange haltbar. Aber Vorsicht: sie ist sehr süß!

› 115 g Butter
› 350 g gesiebter Puderzucker
› 15-30 ml Milch, Wasser oder Geschmacksaromen

Butter schaumig schlagen, Puderzucker zugeben und schlagen, bis die Masse leicht und luftig ist. Nur soviel Flüssigkeit zugeben, dass die Krem fest, aber streichfähig ist.

ITALIENISCHE BUTTERKREM

Italienische Butterkrem ist sehr hell (insbesondere wenn italienische Butter verwendet wird, denn diese ist ganz weiß) und dadurch besonders gut zum Einstreichen weißer Butterkrem-Torten geeignet. Durch den hohen Zuckeranteil und die Verwendung von Eiweiß (ohne Eigelb) ist die Krem lange haltbar und Aromen werden weniger verfälscht. Ich verwende sie häufig für saure Aromen (z. B. Zitrone, Limette oder Grapefruit) oder wenn ich Sirup verarbeiten möchte (z. B. Holunderblüte), denn hier würde der Eigelbgeschmack stören. Gewürze sollten, falls gewünscht, dem Zuckersirup beim Kochen zugegeben werden.

- 450 g Zucker
- 200 g Glukosesirup
- 200 g Wasser
- 350 g Eiweiß
- 2 g Meersalz
- 150 g Zucker
- 1000 g Butter

300 g Zucker mit Glukosesirup und Wasser auf 117 °C kochen. Sobald der Zucker kocht, Eiweiß mit Meersalz schaumig schlagen, dann nach und nach die restlichen 150 g Zucker einrieseln lassen und zu einem stabilen Schnee schlagen. In die laufende Maschine die gerade gekochte Zuckerlösung einlaufen lassen und solange weiterschlagen, bis die Masse wieder kalt ist. Während des Kaltschlagens die Butter maximal schaumig schlagen, dann den kalten Eischnee unter die Buttermasse heben.

AMERIKANISCHES FROSTING

- 5 g Salz
- 120 ml heißes Wasser
- 500 g weißes pflanzliches Fett (z. B. Margarine)
- 10-20 g Butter-Vanillearoma
- 5 g Mandelaroma
- 1000 g gesiebter Puderzucker

Salz im Wasser auflösen und abkühlen lassen. Das Fett und die Aromen auf niedriger Stufe 2-3 Minuten mixen, bis eine cremige Masse entstanden ist. Die Salz-Wasserlösung zufügen und weiter schlagen, bis die Konsistenz leicht und luftig ist. Puderzucker nach und nach zugeben und weiterrühren. Damit nicht zu viel Luft eingearbeitet wird, zwischendurch das Frosting von den Schüsselseiten abstreichen.

TIPP 50 g Puderzucker durch Speisestärke ersetzen. Damit wird das Frosting etwas weniger süß. Wenn die Konsistenz zu fest ist, einfach etwas Wasser zugeben.

SAHNECREME, MOUSSE, WEINCREME UND MEHR

FRUCHTSAHNECREME

- 6 Blatt Gelatine
- 100 g Eigelb
- 2 g Meersalz
- 125 g Zucker
- 200 g Fruchtmark
- 10 g Fruchtsäure
- 1000 g halb geschlagene Sahne

(je nach Frucht muss der Zucker- und Säureanteil angepasst werden)

Gelatine in kaltem Wasser einweichen. Eigelb, Meersalz und Zucker im Wasserbad bei 85 °C pasteurisieren. Ausgedrückte Gelatine darin auflösen, mit dem Fruchtmark und der Fruchtsäure mischen. Die Masse bis kurz vor den Erstarrungspunkt abkühlen lassen, dann die Sahne unterziehen.

WEINSAHNECREME

- 5 Blatt Gelatine
- 250 g Weißwein
- 80 g Eigelb
- 2 g Meersalz
- 80 g Zucker
- Saft und Abrieb von 1 unbehandelten Zitrone
- 250 g halb geschlagene Sahne
- 20 g Cognac

Gelatine in kaltem Wasser einweichen und quellen lassen. Wein, Eigelb, Meersalz, Zucker sowie Zitronenabrieb im Wasserbad bei 85 °C pasteurisieren. Ausgedrückte Gelatine darin auflösen und mit Zitronensaft mischen. Die Masse bis kurz vor den Erstarrungspunkt abkühlen lassen, dann die Sahne und den Cognac unterziehen.

JOGHURT-FRUCHT-SAHNECREME

- 5 Blatt Gelatine
- 40 g Eigelb
- 2 g Meersalz
- 65 g Zucker
- 100 g Fruchtmark
- 300 g Joghurt
- 500 g halb geschlagene Sahne

Gelatine in kaltem Wasser einweichen. Eigelb, Meersalz und Zucker im Wasserbad bei 85 °C pasteurisieren. Ausgedrückte Gelatine darin auflösen und mit Fruchtmark und Joghurt mischen. Die Masse bis kurz vor den Erstarrungspunkt abkühlen lassen, dann die Sahne unterziehen.

KÄSESAHNECREME

› 8 Blatt Gelatine
› 150 g Vollmilch
› 80 g Ei
› 250 g Zucker
› 2 g Meersalz
› Saft und Abrieb von 1 unbehandelten Zitrone
› 1 Vanilleschote
› 500 g Quark
› 600 g geschlagene Sahne

Gelatine in kaltem Wasser einweichen. Milch, Ei, Zucker, Meersalz, Zitronenabrieb, Vanillemark und -schote im Wasserbad bei 85 °C pasteurisieren, Vanilleschote entfernen. Ausgedrückte Gelatine darin auflösen und mit Quark und Zitronensaft mischen. Die Masse bis kurz vor den Erstarrungspunkt abkühlen lassen, dann die Sahne unterziehen.

SCHOKOLADENSAHNE

› 120 g flüssige dunkle Kuvertüre, 60 % Kakaoanteil
› 20 g Puderzucker
› 20 g brauner Rum
› 450 g geschlagene Sahne

Kuvertüre mit Puderzucker und Rum zu einer glatten Masse auflösen, dann die geschlagene Sahne unterziehen.

MOUSSE MIT FRUCHTPÜREE (GRUNDREZEPT)

› 11 Blatt Gelatine
› 550 g Fruchtmark (z.B. Himbeere, Cassis, Erdbeere, Birne, Aprikose)
› 110 g pasteurisiertes Eiweiß
› 150 g Zucker
› 380 g halb geschlagene Sahne

Gelatine in kaltem Wasser einweichen, ausdrücken und auflösen. Fruchtmark nach und nach zugeben. Eiweiß und Zucker zu Schnee schlagen und unterziehen. Zuletzt die Sahne unterheben.

MOUSSE MIT FRUCHTSAFT (GRUNDREZEPT)

› 9 Blatt Gelatine
› 275 g Saft (z.B. Zitronensaft, Maracujasaft, Limettensaft usw.)
› 285 g Zucker
› 190 g pasteurisiertes Eiweiß
› 440 g halb geschlagene Sahne

Gelatine in kaltem Wasser einweichen. 50 g Saft mit 35 g Zucker aufkochen. Ausgepresste Gelatine darin auflösen, dann 220 g Saft unterrühren. Eiweiß mit 250 g Zucker zu Schnee schlagen, dann den Gelatinesaft und zum Schluss die Sahne unterziehen.

WEINCREME MIT BUTTER (z.B. FÜR HERRENTORTE)

› 550 g Weißwein
› 220 g Saft und Abrieb von 4 unbehandelten Zitronen
› 600 g Ei
› 510 g Zucker
› 2 g Meersalz
› 300 g Butter

Alle Zutaten, bis auf die Butter, zu einer Creme kochen, dann die Butter in kleinen Stückchen untermixen. Heiß verarbeiten. Torte im Ring einsetzen und über Nacht gepresst kühlen.

WEINCREME MIT MARZIPAN (z.B. FÜR HERRENTORTE)

› 400 g Weißwein
› 100 g Zitronensaft
› 20 g Abrieb von unbehandelten Zitronen
› 100 g Zucker
› 60 g Eigelb
› 40 g Weizenpuder
› 2 g Meersalz
› 250 g Marzipanrohmasse

Alle Zutaten, bis auf die Marzipanrohmasse, zu einer Creme kochen, dann das Marzipan untermixen. Heiß verarbeiten. Torte im Ring einsetzen und über Nacht gepresst kühlen.

FRUCHTCREME (CURD)

› 6 Blatt Gelatine
› 250 ml Saft (z.B. Orange, Himbeere, Cassis, Zitrone, Limette, Maracuja)
› Schalenabrieb (falls vorhanden)
› 200 g Zucker (bei süßen Säften) oder 300 g Zucker (bei sauren Säften)
› 300 g Ei
› 380 g Butter, klein gewürfelt und tiefgekühlt

Gelatine in Wasser einweichen. Saft, evtl. Schalenabrieb, Zucker und Ei bei 85 °C pasteurisieren. Ausgedrückte Gelatine unterrühren, evtl. durch ein feines Sieb passieren und Butterwürfel mit einem Stabmixer unterarbeiten.

VANILLECREME MIT SAHNE UND ALKOHOL

› 1000 g Milch
› 1 Vanilleschote
› 160 g Eigelb
› 200 g Zucker
› 80 g Krempulver
› 2 g Meersalz

Milch, Vanillemark und -schote aufkochen. Eigelb mit Zucker, Krempulver und Meersalz mischen, dann schaumig rühren. Sobald die Milch zu kochen beginnt, Schote entfernen, die Milch unter die Eigelbmasse schlagen, dann erneut aufkochen. Die Creme auf ein Blech ausgießen und sofort mit Frischhaltefolie bedecken. Schnell auskühlen lassen und kühl stellen.

› 4 Blatt Gelatine
› 400 g halb geschlagene Sahne
› 1000 g kalte Vanillecreme
› 50 g hochprozentiger Brand
  (z. B. Kirschwasser oder Birnenbrand)

Gelatine einweichen, Sahne unter die Creme heben, Spirituose zugeben und mit ausgedrückter und aufgelöster Gelatine stabilisieren.

GANACHE

DUNKLE GANACHE

› 500 g Sahne
› 750 g fein gehackte dunkle Kuvertüre, 60 % Kakaogehalt
› 150 g Butter, klein gewürfelt und tiefgekühlt

WEISSE GANACHE

› 500 g Sahne
› 1000 g weiße Kuvertüre
› 150 g Butter, klein gewürfelt und tiefgekühlt

Sahne aufkochen, über die Kuvertüre gießen und zu einer glatten Masse rühren. Butterwürfel unterrühren und zu einer homogenen Masse mixen. Die Ganache kann sofort zum Füllen oder Überziehen verwendet werden.

 ALTERNATIV Ganache über Nacht mit Folie bedeckt stehen lassen und dann erst aufschlagen. Je luftiger die Masse ist, desto leichter wird sie im Geschmack, aber auch kürzer in der Haltbarkeit (3-4 Tage gekühlt, unaufgeschlagen bis zu 2 Wochen).

Falls zum Aromatisieren Alkohol verwendet wird, den Kuvertüreanteil für 100 g Alkohol (z. B. Rum) um 200 g erhöhen.

CREMES, MOUSSES, FÜLLUNGEN & GANACHES   243

FRUCHTEINLAGEN

ZITRONEN-THYMIAN-FRUCHTEINLAGE

› 150 g Birnenpüree (von Boiron)
› 60 g Zucker
› 4 Zweige Thymian
› 6 Blatt Gelatine
› 150 g Zitronensaft

Püree mit Zucker und Thymian verrühren und kurz aufkochen, dann durch ein Sieb passieren. Gelatine einweichen, ausdrücken und auflösen. Alle Zutaten vermischen, in eine flache Silikonform füllen und einfrieren.

ZITRUSFRUCHT-GUAVEN-FRUCHT-EINLAGE

› 75 g Guavenpüree (von Boiron)
› 60 g Zucker
› 100 g Blutorangensaft
› 100 g Pink Grapefruitsaft
› 25 g Limettensaft
› 6 Blatt Gelatine
› 50 g Cointreau (40%)

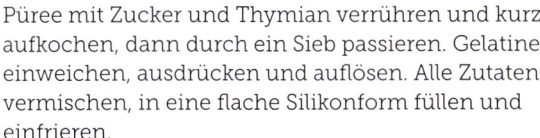

Püree mit Zucker und den Säften verrühren. Gelatine einweichen, ausdrücken und auflösen. Alle Zutaten vermischen, in eine flache Silikonform füllen und einfrieren.

PASSIONSFRUCHT-EINLAGE

› 150 g Aprikosenpüree (von Boiron)
› 60 g Zucker
› 150 g Passionsfruchtsaft (100%)
› 6 Blatt Gelatine

Püree mit Zucker und Saft verrühren. Gelatine einweichen, ausdrücken und auflösen. Alle Zutaten vermischen, in eine flache Silikonform füllen und einfrieren.

MANGO-LIMETTEN-FRUCHTEINLAGE

› 200 g Mangopüree (von Boiron)
› 100 g Aprikosenpüree (von Boiron)
› 60 g Zucker
› Saft und Abrieb von 1 unbehandelten Limette
› 6 Blatt Gelatine

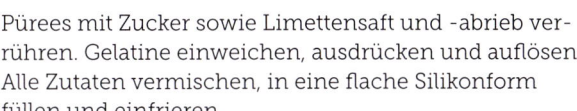

Pürees mit Zucker sowie Limettensaft und -abrieb verrühren. Gelatine einweichen, ausdrücken und auflösen. Alle Zutaten vermischen, in eine flache Silikonform füllen und einfrieren.

WEISSER-PFIRSICH-FRUCHTEINLAGE

› 300 g Püree vom weißen Pfirsich (von Boiron)
› 60 g Zucker
› 50 g Amaretto
› 6 Blatt Gelatine

Püree mit Zucker und Amaretto verrühren. Gelatine einweichen, ausdrücken und auflösen. Dann die Püreemischung zugeben. In eine flache Silikonform füllen und einfrieren.

ERDBEER MIT HOLUNDERBLÜTEN-FRUCHTEINLAGE

› 300 g Erdbeerpüree (von Boiron)
› 60 g Zucker
› 50 g Holunderblütensirup (Menge je nach Qualität anpassen)
› 6 Blatt Gelatine

Püree mit Zucker und Holunderblütensirup verrühren. Gelatine einweichen, ausdrücken und auflösen. Dann die Püreemischung zugeben. In eine flache Silikonform füllen und einfrieren.

WALDBEEREN-FRUCHTEINLAGE

› 300 g Waldbeerpüree (von Boiron)
› 60 g Zucker
› 50 g Himbeergeist
› 6 Blatt Gelatine

Püree mit Zucker und Himbeergeist verrühren. Gelatine einweichen, ausdrücken und auflösen. Dann die Püreemischung zugeben. In eine flache Silikonform füllen und einfrieren.

SAUERKIRSCH-FRUCHTEINLAGE

- 300 g Sauerkirschpüree (von Boiron)
- 60 g Zucker
- 50 g Amaretto
- 6 Blatt Gelatine

Püree mit Zucker und Amaretto verrühren. Gelatine einweichen, ausdrücken und auflösen. Alle Zutaten vermischen, in eine flache Silikonform füllen und einfrieren.

CASSIS-HOLUNDER-MARC DE CHAMPAGNE-FRUCHTEINLAGE

- 200 g Cassispüree (von Boiron)
- 100 g Birnenpüree (von Boiron)
- 60 g Zucker
- 50 g Holunderblütensirup
- 6 Blatt Gelatine
- 50 g Marc de Champagne (40 Vol.-%)

Pürees mit Zucker und Holunderblütensirup verrühren. Gelatine einweichen, ausdrücken und auflösen. Alle Zutaten vermischen, in eine flache Silikonform füllen und einfrieren.

GRÜNER-APFEL-FRUCHTEINLAGE

- 300 g Grünes Apfelpüree (Granny Smith von Boiron)
- 60 g Zucker
- 10 g Vanilleessenz
- 10 Tropfen Bittermandelöl (Menge je nach Qualität anpassen)
- 6 Blatt Gelatine

Püree mit Zucker, Vanilleessenz und Bittermandelöl verrühren. Gelatine einweichen, ausdrücken und auflösen. Alle Zutaten vermischen, in eine flache Silikonform füllen und einfrieren.

BANANEN-THYMIAN-FRUCHTEINLAGE

- 375 g Birnenpüree (von Boiron)
- 80 g Rohrzucker
- 3-5 Zweige Thymian
- 10 Blatt Gelatine
- 500 g Bananenpüree (von Boiron)
- 50 g frisch gepresster Orangensaft

Birnenpüree mit Zucker und Thymian aufkochen. Gelatine einweichen, ausdrücken und im heißen Birnenpüree auflösen. Durch ein Sieb passieren. Dann Bananenpüree mit dem Orangensaft zugeben. In eine flache Silikonform füllen und einfrieren.

BANANEN-PASSIONSFRUCHT-EINLAGE

- 3 g Gelatine
- 60 g Vollei
- 60 g Eigelb
- 35 g Zucker
- 128 g Passionsfruchtsaft
- 90 g Bananenpüree (von Boiron)
- 70 g Butter, klein gewürfelt und tiefgefroren

Gelatine in kaltem Wasser einweichen, Ei und Eigelb mit Zucker aufschlagen, Saft mit dem Püree aufkochen und unter die Eimasse laufen lassen, diese bei 85 °C pasteurisieren. Gelatine ausgepresst in der Masse auflösen und Butterwürfel stückweise untermixen. Masse in eine flache Silikonform füllen und einfrieren.

ANANAS-CHILI-FRUCHTEINLAGE

- 300 g Ananaspüree (von Boiron)
- 60 g Zucker
- 1 gehackte Chilischote (je nach gewünschter Schärfe Menge anpassen)
- 6 Blatt Gelatine

Ananaspüree mit Zucker und der Chilischote verrühren. Aufkochen und durch ein Sieb passieren. Gelatine einweichen, ausdrücken und in der noch heißen Ananasmasse auflösen. In eine flache Silikonform füllen und einfrieren.

MANDARINEN-FRUCHTEINLAGE

› 160 g Birnenpüree (von Boiron)
› 80 g Zucker
› 9 Blatt Gelatine
› 500 g Mandarinensaft (100%)
› 50 g Grand Marnier

Birnenpüree mit Zucker aufkochen. Gelatine einweichen, ausdrücken und im heißen Birnenpüree auflösen Durch ein Sieb passieren. Dann Mandarinensaft mit Grand Marnier zugeben. In eine flache Silikonform füllen und einfrieren.

PFIRSICH-MARACUJA-FRUCHTEINLAGE

› 150 g Pfirsichpüree (von Boiron)
› 60 g Zucker
› 6 Blatt Gelatine
› 150 g Maracujasaft (100%)
› 10 Tropfen Ylang-Ylang-Duftöl

Püree mit Zucker verrühren. Gelatine einweichen, ausdrücken und auflösen. Dann Saft zugeben und alle Zutaten miteinander verrühren. In eine flache Silikonform füllen und einfrieren.

HIMBEER-ROSEN-FRUCHTEINLAGE

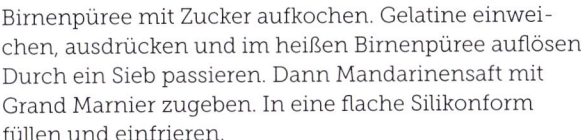

› 300 g Himbeerpüree (von Boiron)
› 60 g Zucker
› 6 Blatt Gelatine
› 10 Tropfen Rosenöl (Menge je nach Qualität anpassen)

Himbeerpüree mit Zucker verrühren. Gelatine einweichen, ausdrücken und auflösen. Dann Himbeerpüree und Rosenöl zugeben. In eine flache Silikonform füllen und einfrieren.

GLÜHWEIN-FRUCHTEINLAGE

› 16 Blatt Gelatine Platin
› 800 g Glühwein
› 200 frisch gepresster Orangensaft
› 120 g Zucker
› 1 Zimtstange
› 3 Nelken
› 10 g Rosenwasser

Gelatine einweichen, Glühwein, Orangensaft, Zucker und Gewürze aufkochen und absieben. Dann Gelatine auspressen, in der Mischung auflösen und Rosenwasser zugeben. In eine flache Silikonform füllen und einfrieren.

ORANGENFRUCHTCREME-EINLAGE (CREMEUX)

› 3 Blatt Gelatine
› 225 g Ei
› 225 g Zucker
› 200 g Orangensaft
› 14 g Abrieb von unbehandelten Orangen
› 270 g Butter, in kleine Würfel geschnitten und tiefgefroren

Gelatine in kaltem Wasser einweichen, dann Ei mit Zucker aufschlagen. Den Orangensaft mit dem Abrieb aufkochen und unter die Eimasse laufen lassen. Diese bei 85 °C pasteurisieren. Gelatine auspressen und in der Masse auflösen. Abschließend die kalte Butter Stück für Stück untermixen. Masse in eine flache Silikonform füllen und einfrieren.

VARIANTE Den Orangensaft kann man durch Zitronen- oder Maracujasaft ersetzen.

VORSCHLÄGE FÜR HARMONISCHE TORTENKREATIONEN

Diese Tortenkreationen haben sich bei uns sehr bewährt. Wir schlagen Kunden bestimmte Kombinationen vor, lassen sie aber auch gerne wählen. Die Vorauswahl der geeigneten Torten erfolgt aufgrund fachlicher Aspekte (Art der Torte, Transportweg, Kühlmöglichkeiten …).

Stabile Cremetorten

ZUGER HIMBEER

› Haselnussbaiser-Böden (Seite 231)
› Himbeerbutterkrem (Seite 239 f.)
› Mandelboden (Seite 230 ff.)
› Himbeergeisttränke
› Himbeer-Fruchteinlage (Seite 243 ff.)

RÜBLI-ZITRONE

› Karottenkuchen-Böden (Seite 236)
› Zitronen-Fruchteinlage (Seite 243 ff.)
› Sahne-Nougat-Butterkrem (Seite 239 f.)

SACHER

› Sacher-Böden (Seite 234)
› Schokoladenbutterkrem (Seite 239 f.)
› Aprikosen-Fruchteinlage (Seite 243 ff.)
› Himbeer-Fruchteinlage (Seite 243 ff.)

CAPPUCCHINO-AMARETTO

› Haselnussböden mit Kaffeetränke (Seite 230 ff.)
› Schokoladenganache mit Anis (Seite 242)
› Deutsche Kaffee-Schokoladen-Butterkrem (Seite 239)

DOBOS

› Dobos-Böden (Seite 236)
› Nougat-Schokoladen-Butterkrem (Seite 239 f.)

HASELNUSS

› Haselnussböden (Seite 230 ff.)
› Nougatcrisp (iGp) (Seite 18)
› Französische Praliné-Haselnuss-Butterkrem (Seite 239)

HOLUNDERBLÜTE

› Mandelböden (Seite 230 ff.)
› Italienische Holunderblüten-butterkrem (Seite 240)
› Erdbeer-Fruchteinlage (Seite 243 ff.)

MANDEL-NOUGAT-KAKAOBOHNE

› Französische Pralinébutterkrem (Seite 239)
› Kakaobohnen-Herrenböden (Seite 231)

MANGO NOIRE

› Französische Mangobutterkrem (Seite 239)
› Mango-Limetten-Fruchteinlage (Seite 243)
› Nougatcrisp mit Peta-Zeta-Knallbrause (Seite 18)
› Schokoladenböden ohne Mehl (Seite 233)

MIGNON

› Deutsche Zitronenbutterkrem (Seite 239)
› Mandelmürbteig-Böden (Seite 230)

MOKKA-BAISER-SCHOKOLADE

› Grillage-Böden (Baiserboden mit Krokant) (Seite 231)
› Schokoladenböden ohne Mehl (Seite 233)
› Deutsche Kaffee-Schokoladen-Butterkrem (Seite 239)

MOKKA-JAPONAISE

› Deutsche Mokkabutterkrem (Seite 239)
› Mandel-Japonaise-Böden (Seite 231)
› Mokka-Mandel-Böden (Seite 230 ff.)

MOHN MIT KIRSCH

› Mohn-Böden (Seite 235)
› Kirsch-Fruchteinlage (Seite 243 ff.)
› Französische Kirschwasserbutterkrem (Seite 239)

MOHN-AMARENA

› Mohn-Böden (Seite 235)
› Amarenakirschen
› Französische Maraschinobutterkrem (Seite 239)

SCHOKO-ORANGE

› Schokoladen-Böden ohne Mehl (Seite 233)
› Deutsche Schokoladenbutterkrem mit Orange (Seite 239)

WALNUSS-KARAMELL

› Walnuss-Böden (Seite 230)
› Deutsche Karamellbutterkrem (Seite 239)
› Orangencremeux (Seite 245)

Leichte Mousse- und Sahnetorten

EXOTIC-BANANA

› Mandel-Böden (Seite 230 ff.)
› Bananenmousse (Seite 241)
› Bananen-Passionsfrucht-Einlage (Seite 244)
› Schokoladenmousse

FLOCKENSAHNE

› Flocken-Böden (Seite 233)
› Mandelmürbteig-Böden (Seite 230)
› Rumsahne
› Preiselbeerkonfitüre

GRÜNTEE-ANANAS

› Kokos-Grüntee-Dacquoise (Seite 232)
› Ananas-Fruchteinlage (Seite 243 ff.)
› Jasminteesahne

HIMBEER-LEBKUCHEN

› Himbeermousse (Seite 241)
› Mandel-Olivenöl-Biskuit (Seite 232)
› Himbeer-Fruchteinlage (Seite 243 ff.)
› Schokoladenmousse

MANDARINE

› Mandelbrot-Böden (Seite 230)
› Mandarinen-Fruchteinlage (Seite 245)
› Vollmilchschokoladenmousse
› Mandarinenmousse (Seite 241)

NUSS-CASSIS

› Nuss-Sahne
› Weiße Nuss-Böden (Seite 230 ff.)
› Champagnertränke
› Cassis-Fruchteinlage (Seite 243 ff.)

ORANGEN-PUNSCH

› Glühwein-Fruchteinlage (Seite 245)
› Nougatcrisp (Seite 18)
› Schokoladenmousse
› Mandel-Böden (Seite 230 ff.)
› Orangensahne (Seite 240 ff.)

RHABARBER-HIMBEERE-BANANE

› Himbeer-Mandel-Böden (Seite 236)
› Bananen-Fruchteinlage (Seite 243 ff.)
› Rhabarber-Himbeermousse (Seite 241)

VORSCHLÄGE FÜR HARMONISCHE TORTENKREATIONEN 255

ROSE-MARACUJA

› Himbeer-Macaron-Böden (Seite 232)
› Maracuja-Aprikosen-Fruchteinlage (Seite 243 ff.)
› Bayrisch-Creme-Rose

SACHER-APRIKOSE

› Kakao-Pistazien-Böden (Seite 233)
› Aprikosen-Fruchteinlage (Seite 243 ff.)
› Praliné-Mousse

KOKOS-WALDBEER-EXOTIC

› Kokos-Dacquoise-Böden (Seite 233)
› Waldbeer-Fruchteinlage (Seite 243 ff.)
› Exoticmousse (Seite 241)

Tortenaufsätze

Tortenaufsatz **PFAU**

Tortenaufsatz **PAPAGEIENTULPE**

Tortenaufsatz **LILIE AUS ZUCKER**

Tortenaufsatz **SCHWÄNE AUS ZUCKER**

Tortenaufsatz **BLACK SWAN**

Tortenaufsatz **MARZIPANROSEN**

Tortenaufsatz **WEISSE SCHOKOLADENBLÜTEN**

Tortenaufsatz **LOVE**

Tortenaufsatz **ZUCKERHERZEN**

Tortenaufsatz **HOCHZEITSPAAR**

Grundlagen zur Herstellung von Hochzeitstorten

Um fachlich richtig gemachte und zudem schön anzusehende Hochzeitstorten herzustellen, sollte man einige grundlegende Techniken beherrschen. Im Folgenden finden Sie die wichtigsten dieser Arbeitsschritte, die Sie für nahezu alle Torten benötigen:

KLASSISCHES EINDECKEN MIT WEICHER KANTE

01 Rollfondant geschmeidig machen und zu einer Kugel formen.

02 Etwas Stärkepuder auf eine Ausrollmatte geben.

03 Die Kugel leicht flach drücken und ebenfalls etwas Stärkepuder aufstäuben.

04 Mithilfe eines Silikonrollholzes ausrollen.

GRUNDLAGEN ZUR HERSTELLUNG VON HOCHZEITSTORTEN

05 Dabei die Richtung wechseln.

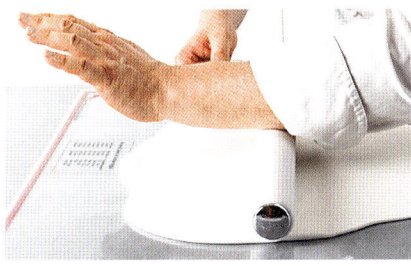

06 Unter Zuhilfenahme des Unterarms kann gleichmäßigerer Druck ausgeübt werden.

07 Größe an den Umfang der einzudeckenden Torte anpassen.

08 Nochmals etwas Stärkepuder aufstäuben.

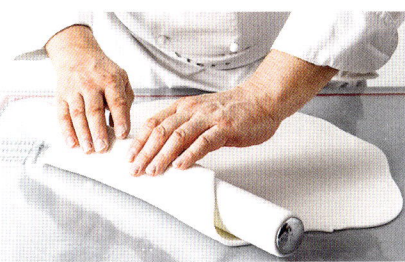

09 Ausgerollten Fondant mit dem Silikonrollholz aufrollen.

10 Auf der Torte wieder abrollen.

11 Mit den Händen noch etwas zurechtziehen.

12 Die Oberseite mithilfe eines Tortenglätters andrücken und perfekt glätten.

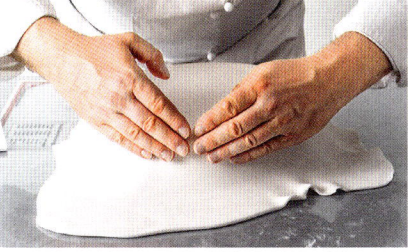

13 Die Ränder vorsichtig mit den Händen an der Oberkante andrücken.

14 Rund um die komplette Torte so verfahren.

15 Nochmals mithilfe des Tortenglätters die Oberseite nachglätten und ebenso die Ränder.

16 Überschüsse am unteren Rand mit einem Marzipanmesser abschneiden.

17 Ränder nochmals sauber nachglätten.

18 Kante mit den Händen nachrunden.

MODERNES EINDECKEN MIT HARTER KANTE

Rollfondant geschmeidig machen und mit etwas Stärkepuder mithilfe einer Ausrollmatte auf maximal 3 mm Stärke ausrollen.

01 Auf die Größe der Torte angepassten und ausgerollten Rollfondant mitsamt der Ausrollmatte auf die gut gekühlte Torte legen.

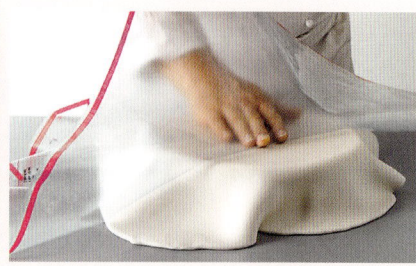

02 Oberseite vorsichtig mit den Händen glatt streichen.

03 Ausrollmatte entfernen.

04 Oberseite und Ränder mithilfe eines Tortenglätters andrücken und perfekt glätten.

05 Überschüsse am unteren Rand mit einem Marzipanmesser abschneiden.

06 Nochmals mithilfe einer Ausrollmatte nachglätten.

07 Tortenunterlage an den Durchmesser der Torte anpassen und zum Stürzen vorbereiten.

08 Torte kopfüber auf die Ausrollmatte stürzen und die Tortenscheibe entfernen.

09 Ränder nochmals mit den Tortenglättern nachglätten und nach unten streichen (harte Kante).

10 Überstehende Ränder mit einer Schere abschneiden.

11 Vorbereitetes Cakeboard exakt abschließend auflegen.

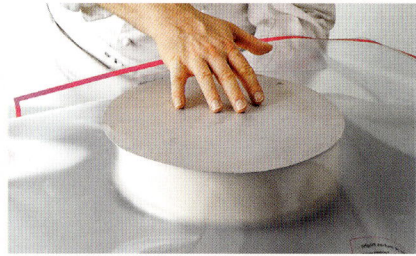

12 Eine weitere Ausrollmatte sowie die Tortenscheibe auflegen und umdrehen.

13 Fertig eingedeckte Torte.

EINDECKEN IN ZWEI SCHRITTEN

(Rand und Deckel getrennt)

01 Mithilfe einer Nadel Luftblasen aus ausgerolltem Rollfondant entfernen.

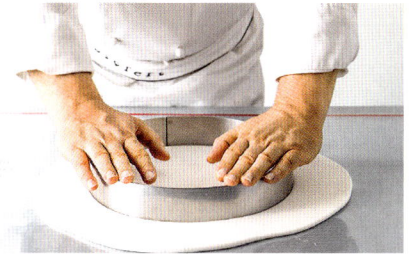

02 Einen Tortenring in der Größe der einzudeckenden Torte auflegen und ausstechen.

03 Den Ring abnehmen und die Überschüsse entfernen.

04 Entstandenen Kreis aufrollen.

05 Exakt auf der Oberseite der Torte positionieren.

06 Für die Seitenteile mithilfe des Silikonrollholzes ein Band ausrollen.

07 Mithilfe eines Lineals die Seiten begradigen.

08 Die Höhe der Torte abmessen und mit einem Marzipanmesser zurechtschneiden.

09 Entstandenes Band mit Stärkepuder abpudern und das Band gerade aufrollen.

10 Das Band exakt am Rand der Torte anlegen und abrollen. Dabei leicht andrücken.

11 Rund um die komplette Torte so verfahren.

12 Ränder mit einem Tortenglätter andrücken und perfekt glätten.

13 Den Übergang von Oberseite zu Rand mit einem Tortenkneifer kaschieren.

14 Fertig eingedeckte Torte.

GLASIEREN

01 Eingedeckte Torte auf die entsprechende Bodenplatte umlagern.

02 Torte auf einen umgedrehten Metallbehälter auf einem Backblech stellen.

03 Die komplette Glasur von oben möglichst langsam und gleichmäßig über die Torte gießen.

04 Mithilfe einer großen Palette gleichmäßig auf der Oberseite in 3 Zügen verstreichen.

05 Dadurch wird die Glasur an den Rändern herab auf das Backblech laufen.

06 Ebenfalls mit der Palette herablaufende Glasur am unteren Rand der Torte sauber abstreifen.

07 Fertig glasierte Torte.

GRUNDLAGEN ZUR HERSTELLUNG VON HOCHZEITSTORTEN 265

EINSTREICHEN

01 Aufzustreichende Masse (Butterkrem etc.) auf die vorbereitete Torte geben.

02 Mithilfe einer Palette zunächst auf der Oberseite glatt verstreichen.

03 Die Krem darf ruhig etwas über den Rand ragen.

04 Die Krem dann nach unten auf den Rand streichen.

05 Rand mithilfe eines Spachtels glätten.

06 Überschüssige Krem an der Oberseite mit einer Palette glatt streichen.

07 Palette zwischendurch säubern.

08 Nochmals über die Oberfläche ziehen, damit mögliche verbliebene Kremüberschüsse vollständig geglättet werden.

09 Fertig eingestrichene Torte.

KLASSISCH OHNE ABSTAND AUFEINANDERSETZEN

01 Einen Kunststoffstab von oben in die Torte stecken.

02 Den Stab mit einem scharfen Messer direkt an der Oberfläche der Torte markieren.

03 Abgeschnittenen Stab wieder in die Torte drücken.

04 Rundherum insgesamt 6 Stäbe in die Torte einpassen.

05 Die nächst kleinere Torte daraufstellen.

06 Mittig positionieren.

07 Analog zur untersten Torte 3 Stäbe in die Torte einstecken und abschneiden.

08 Die oberste und kleinste Torte mittig darauf positionieren.

09 Fertig zusammengebaute Torte.

GRUNDLAGEN ZUR HERSTELLUNG VON HOCHZEITSTORTEN

SAMTIGES ABSPRÜHEN

01 Gleichmäßig mit Marzipan angefrorene Torte auf Drehteller setzen.

02 Mithilfe des Sprühgeräts gleichmäßig mit weißer Kakaobutterfarbe absprühen.

03 Fertig samtig abgesprühte Torte.
Hinweis: Je größer der Sprühabstand zur Torte, desto samtiger die Oberfläche!

Tortenständer

Tortenständer **VARIANTE 1**

Tortenständer **VARIANTE 2**

Tortenständer **VARIANTE 4**

Tortenständer **VARIANTE 3**

Tortenständer **VARIANTE 5**

Tortenständer **VARIANTE 6**

Bodenform für **TORTENBODEN SCHRÄG**

Cupcakeständer **VARIANTE 1**

Cupcakeständer **VARIANTE 2**

Cupcakeständer **VARIANTE 3**

Beratung und Verkauf

VORBEREITUNG UND HERSTELLUNG VON HOCHZEITSTORTEN

Damit Sie die Produktion von Hochzeitstorten zeitlich ohne Stress bewältigen, sollten Sie frühzeitig mit der Arbeit beginnen. Ich empfehle im Allgemeinen den Vorlauf von einer knappen Woche.

Dabei gehe ich folgendermaßen vor:

MONTAG Alle Böden backen.

DIENSTAG Die Füllungen herstellen, Torten füllen und dünn einstreichen.

MITTWOCH Mit Marzipan überzogene Torten überziehen.

FREITAG Fondantüberzug und Dekorationen soweit möglich anbringen.

SAMSTAG Ausliefern, gegebenenfalls vor Ort zusammensetzen und restliche Dekorationen anbringen.

> **! AUSNAHMEN** Englische Hochzeitstorten (Fruitcakes) sollten mindestens einen Monat vor der Hochzeit hergestellt werden, da sie gut durchziehen müssen. Aufwendige Dekorationen beginne ich oft Wochen vor der Hochzeit, da sie zwischendurch getrocknet werden müssen.

BERATUNG UND VERKAUF

Meist vereinbare ich mit Interessierten für Tortenbestellungen einen Besprechungstermin im Showroom oder Café. Dabei weise ich sie direkt darauf hin, dass ich für eine Torte eine Vorlaufzeit von mindestens zwei Wochen benötige.

Für ein Beratungsgespräch, eine Skizze und Verkostung plane ich mindestens eine Stunde ein. Diese Serviceleistung berechne ich mit einem Pauschalbetrag von 50 €. Dieser ist bei Auftragserteilung, sofern der Auftragswert 250 € übersteigt, vollständig verrechenbar.

Zuerst frage ich die Kunden nach ihren Wünschen und Vorstellungen. Teilweise haben die Interessenten sogar Vorlagen dabei, welche Art Torte sie gerne hätten. Im nächsten Schritt erarbeite ich mit den Kunden gemeinsam eine Lösung. Ich weise selbstverständlich darauf hin, dass jede Kreation ein Unikat ist und ihren Wünschen entsprechend gefertigt wird. Trotzdem ist es als Inspirationsquelle oft sinnvoll, einen Musterkatalog vorzulegen, insbesondere für Give-aways und kleinere Dekoartikel.

Die Frage der Tortenständer muss ebenfalls direkt geklärt werden. Wenn mehrere Hochzeitenstorten parallel bestellt sind, kann es sein, dass der gewünschte Ständer nicht mehr verfügbar ist. Hier gilt das Motto: Wer zuerst kommt, hat die Auswahl. Selbstverständlich verlange ich für Ständer und Transportboxen eine Kaution. So ist sichergestellt, dass die geliehenen Dinge zeitnah wieder zurückgebracht werden.

Sie sollten die Tortenbestellung unbedingt schriftlich aufnehmen und sich mit Datum und Unterschrift des Bestellers bestätigen lassen. Nachfolgend ein Beispiel für ein Bestellformular.

TORTENBESTELLUNG

Name Besteller
Annehmende Person
Telefon/Mobil
Adresse privat
Adresse geschäftlich

ANLASS FÜR DIE TORTENBESTELLUNG

- ○ Hochzeit
- ○ Geburtstag
- ○ Taufe
- ○ Sonstiges
- ○ Kommunion
- ○ Konfirmation
- ○ Jubiläum

TERMIN UND TRANSPORT

Veranstaltungsdatum
Abweichende Terminwünsche

- ○ Selbstabholer
  - ○ Thermobox gewünscht
- ○ Lieferung: Entfernung in km
  - ○ Kurierdienst
  - ○ Just-in-Time-Lieferung
  - ○ Nachtlieferung
  - gewünschte Uhrzeit der Lieferung
  - Lieferadresse:

Kühlmöglichkeit bei Vorablieferung vorhanden
○ ja   ○ nein   (bitte ankreuzen)

Bitte beachten Sie, dass besonders Schokoladendekore im Sommer anfällig für Hitze sind.

Bei Eistorten Tiefkühlmöglichkeit vorhanden
○ ja   ○ nein   (bitte ankreuzen)

TORTE

Für wie viele Personen soll die Torte sein

Gewünschte Größe und Form der Torte

Maximale Größe der Torte aufgrund von Türen bzw. Kühl-/Tiefkühlmöglichkeiten

gewünschte Geschmacksrichtungen der Böden und der Füllungen

Nicht gewünschte Komponenten (z.B. Alkohol)

Allergie, bzw. ernährungsbedingte Wünsche

Wünsche in Bezug auf das Dekor

Besonderheiten, die bei der Torte und/oder dem Dekor berücksichtigt werden sollten

ORGANISATORISCHES

Festpreis
Preisrahmen
Anzahlung

Beauftragung durch Caterer / Weddingplanner   ○ ja   ○ nein   (bitte ankreuzen)
Name Caterer   Provision

Rechnungsadresse

Ort, Datum   Unterschrift des Bestellers

PREISE

Die Preise für Hochzeitstorten, Muffins, Give-aways, Cupcakes, Cake-Pops, Minitörtchen und Motivtorten richten sich nach dem Aufwand der Dekoration und der Wahl der Tortenfüllung. Wir berechnen die Preise pro Stück/Person, beginnend mit einem Grundpreis von 5,50 € pro Stück/Person bei Hochzeits- und Motivtorten. Bei aufwendigen Kreationen mit üppiger Zuckerblumendekoration, individuell modellierten Tortenfiguren, Ornamenten usw. liegt der Stückpreis deutlich höher. Da jede Torte eine Sonderanfertigung ist, kann ich häufig vorab keinen pauschalen Preis nennen, sondern erst, sobald das Design der Torte besprochen ist. Die kleinstmögliche Sonderanfertigung einer Torte (ohne Figuren) beginnt bei einem Preis von 120,- € und ergibt etwa 20 Stücke. Muffins und Give-aways berechnen wir mit einem Preis ab 4,- € pro Stück, Cupcakes ab 4,50 € pro Stück, Cake-Pops ab 3,- € das Stück, auch hier gilt: Der Aufwand der Dekoration bestimmt den endgültigen Preis!

Die Preise der Figuren richten sich ebenfalls nach dem Aufwand, dabei liegen sie für Einzelfiguren ab 45,00 € und Brautpaare ab 95,- €. Bei Originalnachbauten von Fahrzeugen ab 200,- €.

Sweet Tables werden individuell nach Kundenwunsch erstellt. Zum Leistungsumfang gehören die Ausarbeitung eines kompletten Konzepts/Themas, die leihweise Bereitstellung der passenden Dekorationen (Platten, Etageren, Gläser, Tischdecke, sonstige Dekorationen) und der Aufbau der Candy Bar vor Ort. Die Berechnung der Candy Bar erfolgt beginnend mit einem Grundpreis für die oben genannten Leistungen, zuzüglich der Kosten für die gewünschten Süßigkeiten, die Torte, Cupcakes, Cake-Pops, Kekse usw., der entsprechenden Papeterie und Dekoration sowie Lieferung und Aufbau sowie gegebenenfalls Abbau.

Die passende Papeterie zur Gestaltung der Candy Bar wird in enger Kooperation mit dem Papeteriedesigner des Brautpaares erstellt. Auf Wunsch kann auch ein komplettes Papeterie-Set angeboten werden, welches ermöglicht, die ganze Feier, beginnend mit den Save the date-Karten, Einladungskarten, Sweet Table-Papeterie, Tischkarten, Danksagungen usw., in einem durchgängigen Design zu halten.

Für die Tortenlieferung berechnen wir 0,90 € pro gefahrenen Kilometer. Je nachdem wann und wo Sie die Anlieferung möchten, kommt noch eine Stundenpauschale von 35,- € und ein Nachtzuschlag ab 19 Uhr dazu.

Leider ist es aus qualitativen Gründen generell nicht möglich Torten zu verschicken! Pralinen und viele andere Give-aways die gut verpackt werden können, versenden wir natürlich gerne.

PLANUNG DER TORTENGRÖSSE IN BEZUG AUF DIE ANZAHL DER GÄSTE

Als Basis der Berechnung verwende ich einen normalen 26er-Ring. Dabei gehe ich davon aus, dass Hochzeits- oder Festtagstorten in der Regel mehrere Schichten mit Butterkrem oder andere Füllungen haben, und die Torte natürlich „mächtiger" (kalorienreicher) ist als eine einfache Erdbeertorte. Bei großen Hochzeits- oder Festtagsgesellschaften ist es in der Regel ausreichend, für jeden Gast ein etwas kleineres Stück einzuplanen, zumal viele von vorherigen Mahlzeiten noch relativ satt sind.

Natürlich sollte man bei der Beratung auch bedenken, dass aus Tradition viele Gäste selbst Eigenwerke mitbringen. Ehrliche Beratung macht zufriedene Kunden. Fragen Sie, ob die Torte klassisch zum Nachmittags-Kaffee, zum Dessert oder zu noch späterer Stunde präsentiert werden soll. Als Faustregel gilt: Je später, desto weniger Torte wird gegessen.

Ich habe eine Kuchenplanung auf folgender Basis zusammengestellt: Bei einer 26er-Form können Sie 16 Tortenstücke für eine Gesellschaft aufschneiden, jeweils 4 Stücke aus einem Kuchenviertel. Die Breite eines Stückes am Rand ist dabei etwa 5 cm.

Tortenhöhe bei Sahnetorten:
etwa 8 cm (Volumen etwa 265 cm^3)

Tortenhöhe bei Butterkremtorten:
etwa 5 cm (Volumen etwa 165 cm^3)

Das ergibt bei gleicher Kuchenmenge für andere Tortengrößen:

RUNDE TORTEN

Runde Tortengröße (Durchmesser)	Anzahl gleich großer Tortenstücke	Als Schneidehilfe: Stückbreite am Tortenrand [in cm]
20 cm Durchmesser der Form	ergibt ca. 10 Tortenstücke	20er Tortenstückbreite am Rand ca. 6 cm
22 cm Durchmesser der Form	ergibt ca. 12 Tortenstücke	22er Stückbreite am Rand ca. 5-6 cm
24 cm Durchmesser der Form	ergibt ca. 14 Tortenstücke	24er Stückbreite am Rand ca. 5 cm
26 cm Durchmesser der Form	ergibt ca. 16 Tortenstücke	26er Stückbreite am Rand ca. 5 cm
28 cm Durchmesser der Form	ergibt ca. 18 Tortenstücke	28er Stückbreite am Rand ca. 4-5 cm
30 cm Durchmesser der Form	ergibt ca. 21 Tortenstücke	30er Stückbreite am Rand ca. 4 cm
35 cm Durchmesser der Form	ergibt ca. 31 Tortenstücke	35er Stückbreite am Rand ca. 3-4 cm
40 cm Durchmesser Backring	ergibt ca. 37 Tortenstücke	40er Stückbreite am Rand ca. 3 cm
45 cm Durchmesser Backring	ergibt ca. 47 Tortenstücke	45er Stückbreite am Rand ca. 2-3 cm

BEISPIEL
Gästezahl 50

28-er Torte = 18 Stücke
26-er Torte = 16 Stücke
24-er Torte = 14 Stücke
22-er Torte = 12 Stücke

GESAMT 60 Stücke

BEISPIEL
Gästezahl 60

35-er Torte = 31 Stücke
30-er Torte = 21 Stücke
26-er Torte = 16 Stücke
20-er Torte = 10 Stücke

GESAMT 78 Stücke

BEISPIEL
Gästezahl 70

35-er Torte = 31 Stücke
30-er Torte = 21 Stücke
28-er Torte = 18 Stücke
24-er Torte = 14 Stücke

GESAMT 84 Stücke

BEISPIEL
Gästezahl 100

40-er Torte = 31 Stücke
35-er Torte = 31 Stücke
30-er Torte = 21 Stücke
26-er Torte = 16 Stücke
22-er Torte = 12 Stücke

GESAMT 117 Stücke

RECHTECKIGE TORTEN

Auch bei dieser Berechnung gehen wir von derselben Kuchenstückgröße aus (Volumen).

Rechteckige Tortengrößen	Anzahl gleich großer Tortenstücke	Als Schneidehilfe: Stückbreite am Tortenrand [in cm]
1 Rechteckform: 15 cm x 25 cm	ergibt ca. 12 Tortenstücke	Am schmalen Rand: 2 Stückreihen Am breiten Rand: 7 Stückreihen
2 Rechteckform: 20 cm x 30 cm	ergibt ca. 18 Tortenstücke	Am schmalen Rand: 2 Stückreihen Am breiten Rand: 9 Stückreihen
3 Rechteckform: 25 cm x 35 cm	ergibt ca. 30 Tortenstücke	Am schmalen Rand: 3 Stückreihen Am breiten Rand: 10 Stückreihen
4 Rechteckform: 30 cm x 40 cm	ergibt ca. 40 Tortenstücke	Am schmalen Rand: 4 Stückreihen Am breiten Rand: 10 Stückreihen
5 Rechteckform: 35 cm x 45 cm	ergibt ca. 44 Tortenstücke	Am schmalen Rand: 4 Stückreihen Am breiten Rand: 11 Stückreihen

Rezeptregister

Baileys-Matchatee-Praline	140
Bananen-Orangen-Mousse	219
Bananen-Passionsfrucht-Creme	218
Marzipan-Baumkuchenmasse	128
Baumkuchenmasse	202
Baumkuchenmasse-Boden, zweifarbig	234
Blütenpaste	82
Brandmasse für Flockenboden	233
Butterkeks	99
Butterkrem mit Exoticpüree, Französische	214
Butterkrem, Deutsche	239
Butterkrem, Englische	239
Butterkrem, Französische	239
Butterkrem, Italienische	240
Champagnertrüffel	33
Cupcake, Aprikosen-Himbeer-	60
Cupcake, Odenwälder Heidelbeerwein-	69
Dekorbiskuit, hell	22, 194, 218
Dekorbiskuit, Mohn-	42
Dobos-Boden	236
Eiweißglasur	26, 178
Fondant-Überzug (rosa)	57
Fondant-Überzug (braun)	95
Frischkäsecreme mit Waldbeerpüree	69
Frosting, Amerikanisches	240
Frosting, weiß	32
Fruchtcreme (Curd)	241
Fruchtcreme-Einlage, Orangen- (Cremeux)	245
Fruchteinlage, Ananas-Chili-	244
Fruchteinlage, Bananen-Passionsfrucht-	244
Fruchteinlage, Bananen-Thymian-	244
Fruchteinlage, Cassis-Holunder-Marc de Champagne-	244
Fruchteinlage, Erdbeer mit Holunderblüten-	243
Fruchteinlage, Glühwein-	245
Fruchteinlage, Grüner-Apfel-	244
Fruchteinlage, Himbeer-Rosen-	245
Fruchteinlage, Mandarinen-	245
Fruchteinlage, Mango-Limetten-	243
Fruchteinlage, Passionsfrucht-	243
Fruchteinlage, Pfirsich-Maracuja-	245
Fruchteinlage, Sauerkirsch-	244
Fruchteinlage, Waldbeeren-	243
Fruchteinlage, Weißer-Pfirsich-	243
Fruchteinlage, Zitronen-Thymian-	243
Fruchteinlage, Zitrusfrucht-Guaven-	243
Früchtekuchen, Englischer	236
Ganache mit Gin, Tomaten-Basilikum-	79
Ganache, Dunkle	242
Ganache, Weiße	242
Ganache, Mango-Minze-Koriander-	84
Ganache, Tonkabohnen-	78
Gelee, Himbeer-Rosen-	50
Glanzganache, Dunkle	76
Glanzganache, Weiße	26
Grillage-Boden	231
Grissini	165
Hafer-Sauerrahm-Kekse	132
Haselnussbaiser-Boden	231
Herrentorten-Boden	231
Himbeerconfit	60
Himbeer-Macaron-Boden	232
Himbeer-Mandel-Boden	236
Himbeer-Mango-Trüffel mit Balsamicokaramell	139
Hippenmasse, dunkel	96
Ischler Törtchen	87
Isomalt	178
Kakao-Pistazien-Boden	233
Karottenkuchen-Boden	236
Käsesahnecreme	241
Kokos-Dacquoise	214, 218, 233
Kokos-Grüntee-Dacquoise	232
Lebkuchenteig	133
Lollys, Schokoladen-	118
Macarons mit gekochtem Zucker	32
Macarons, Grüntee-Mandel-	28
Mandelbrot-Boden	230
Mandelfinanciers	62
Mandel-Japonaise-Boden	231
Mandelkrokant-Biskuit	232

Mandelkuchen, Italienischer	63
Mandelmürbteig-Boden	230
Mandel-Olivenöl-Biskuit	232
Modelliermarzipan	23, 141
Modellierschokolade, Dunkle	160
Modellierschokolade, Weiße	16
Mohn-Boden	235
Mousse mit Fruchtpüree (Grundrezept)	241
Mousse mit Fruchtsaft (Grundrezept)	241
Muffins (Grundrezept+Varianten)	109
Mürbteig, Buttergebäck-	18, 121
Mürbteig, klassisch	171, 185
Mürbteig, Macadamianuss-	173
Mürbteig, Mandel-	29
Mürbteig, Pinienkern-	172
Mürbteigkeks, Schokoladen-Haselnuss-	85
Nougatcrisp	18
Nussbiskuit-Boden	235
Nussboden, Grundrezeptur	230
Nusskuchen, Kanadischer	181
Odenwälder Tropfenpastete	199
Petits-Fours, Krokant-Baumkuchen-	119
Petits-Fours, Marzipan-	57
Petits-Fours, Pistazien-	95
Popcorn, Karamell-	165
Praline, Himbeer-Wasabi-	97
Rollfondant	54, 184
Rumkugeln	187
Sacher-Boden	234
Sahnecreme, Frucht- (Grundrezept)	240
Sahnecreme, Joghurt-Frucht- (Grundrezept)	240
Sahnecreme, Wein-	240
Sandkuchen, Joghurt- (für Muffins)	66
Sandkuchen, Marzipan-	187
Sandmasse leicht, Orangen-	237
Sandmasse, Dunkle	237
Sandmasse, Helle	237
Sandmasse, Orangen-	68
Sandmasse, Schwere	237
Schokolade, Pistazien-Apfel-	205
Schokolade, Rosen-	51
Schokoladen-Boden ohne Mehl	233
Schokoladenmousse	218
Schokoladensahne	241
Shortbread	204
Spinnzucker	106, 168
Sprühkuvertüre	181
Streusel	43
Vanillecreme mit Sahne und Alkohol	242
Waldbeergelee	214
Weincreme mit Butter	241
Weincreme mit Marzipan	241
Whitecake-Masse	32
Wienermasse-Boden, dunkel	235
Wienermasse-Boden, hell	234
Zigarettenmasse	22, 42, 194, 218
Zitronensandkuchen	19

Mein Dank gilt folgenden Firmen, die mich bei der
Buchproduktion mit Material unterstützt haben:

CARDIN DEKO
Ziegler & Sohn OHG
Im Hinteracker 11
76307 Karlsbad
www.cardin-deko.de
Telefon 07248 / 9268140
Telefax 07202 / 4079020

CONFIS-EXPRESS GMBH
Messerschmittstrasse 23
89231 Neu-Ulm
www.confis-express.de
Telefon 0731 / 7079163
Telefax 0731 / 70791133

MODECOR ITALIANA S.R.L.
Via G. Maggi, 2
21030 Cuvio (VA)
Italien
www.modecor.it
Telefon 0039 332658311
Telefax 0039 332651135

MÜLLER-DEKOR GMBH
Bergstr. 23
63743 Aschaffenburg
www.mueller-dekor.de
Telefon 06021 / 86470
Telefax 06021 / 80202

STÄDTER GMBH
Am Kreuzweg
35469 Allendorf/Lumda
www.staedter.de
Telefon 06407 / 40341000
Telefax 06407 / 40341009

RBV BIRKMANN GMBH & CO. KG
Hegelstraße 15
33790 Halle/Westfalen
www.birkmann.de
Telefon 05201 / 661690
Telefax 05201 / 6616966

BEZUGSQUELLEN

Ich werde häufig gefragt, was mich inspiriert und wo ich all die tollen Materialien finde. Die folgende Auflistung ist eine Auswahl der Internetseiten von Firmen, bei denen ich häufig schaue und einkaufe. Der Einfachheit halber ist die Aufstellung alphabetisch.

AUSSTECHER

www.autumncarpenter.com
www.birkmann.de
www.cakesundco.de
www.fmmsugarcraft.com
www.globalsugarart.com
www.lindyscakes.co.uk
www.orchardsugarart.co.uk
www.patchworkcutters.co.uk
www.silikomart.com
www.staedter.de

EQUIPMENT, FARBEN UND MEHR

www.birkmann.de
www.cardin-deko.de
www.confis-express.de
www.deco-relief.fr
www.jakobi-dekor.de
www.kd-torten.de
www.squires-shop.com
www.staedter.de
www.tolle-torten.com
www.torten-boutique.de
www.tortissimo.de
www.wilton.com
www.windsorcakecraft.co.uk

FACHBÜCHER

www.matthaes.de

LEBENSMITTELDRUCKER

www.modecor.it

PLOTTER

www.cricut-cake.com

PRALINEN-/ SCHOKOLADENFORMEN

www.cardin-deko.de
www.chocolateworld.be
www.decosil.it
www.hansbrunner.de
www.jkvnl.com
www.schneider-gmbh.com

SEMINARE

www.bernd-siefert.de

SILIKONFORMEN

www.cardin-deko.de
www.chicagomoldschool.com
www.decosil.it
www.firstimpressionsmolds.com
www.karendaviescakes.co.uk
www.martellato.com
www.pavonitalia.com
www.silikomart.it

STENCILS (SCHABLONEN)

www.designerstencils.com

TORTENSTÄNDER, EQUIPMENT, ACESSOIRES

www.mueller-dekor.de

ZUTATEN UND EQUIPMENT

www.confis-express.de

Ich danke den Geduldigen

Zum einen Ihnen, die/der Sie eventuell lange auf das Buch haben warten müssen. Natürlich hoffe ich, dass Ihnen das Ergebnis gefällt.

Zum anderen Matthias Hoffmann, meinem Freund und Fotograf, dem kein Weg zu weit und keine Mühe zuviel ist, wenn es darum geht, ein ganz besonderes Buch zu schaffen. Matthias, du hast eine Engelsgeduld.

Und meinen Ansprechpartnern im Verlag, die zwischendurch fast die Geduld verloren hätten, aber eben nur fast. Das ist zum einen meine Verlegerin Bruni Thiemeyer, seit meinem ersten Buch eine hochgeschätzte Ratgeberin mit einem immer offenen Ohr für meine Belange. Außerdem die Lektorin Julia Bauer, die zwar geduldig, aber auch nachdrücklich blieb, wenn es darum ging, dass ich noch Texte schreiben sollte. Außerdem die Grafikerin Doris Alteneder, die immer geduldig abwartete, bis sie mit „Material" beliefert wurde.

Michaela Quappe-Gemmert und ihr Mann Hermann Vetter sind gute Freunde und eine stetige Inspirationsquelle. Ich freue mich auf die nächste gemeinsame Tortenmesse in London. Bis dahin muss ich mich allerdings noch etwas gedulden.

Mein ganz besonderer Dank gilt meiner Familie, die am meisten Geduld braucht, denn meine Arbeit nimmt mich häufig intensiv in Beschlag – in jeder Hinsicht. Sie wissen, dass sie das Wichtigste für mich sind, aber ich möchte es gerne nochmals betonen. Danke, dass ihr immer für mich da seid.

ISBN 978-3-87515-120-6

© 2014 Matthaes Verlag GmbH, Stuttgart

Alle Rechte vorbehalten.

Nachdruck, auch auszugsweise, sowie Verbreitung durch Fernsehen, Film und Funk, durch Fotokopie, Tonträger oder Datenverarbeitungsanlagen jeder Art nur mit schriftlicher Genehmigung des Verlags gestattet.

KREATIONEN	Bernd Siefert, Michelstadt
FOTOGRAFIE	Matthias Hoffmann, Delmenhorst
LEKTORAT	Redaktionsbüro Küchenzeile, Julia Bauer, Berlin
GESTALTUNG	Büroecco Kommunikationsdesign GmbH, Augsburg
REPRO	Jochen Helfert, Augsburg

Printed in Germany